KB267682

천문학자의
쓸모없음에
관하여

우주먼지
지웅배
우주 에세이

천문학자의 쓸모없음에 관하여

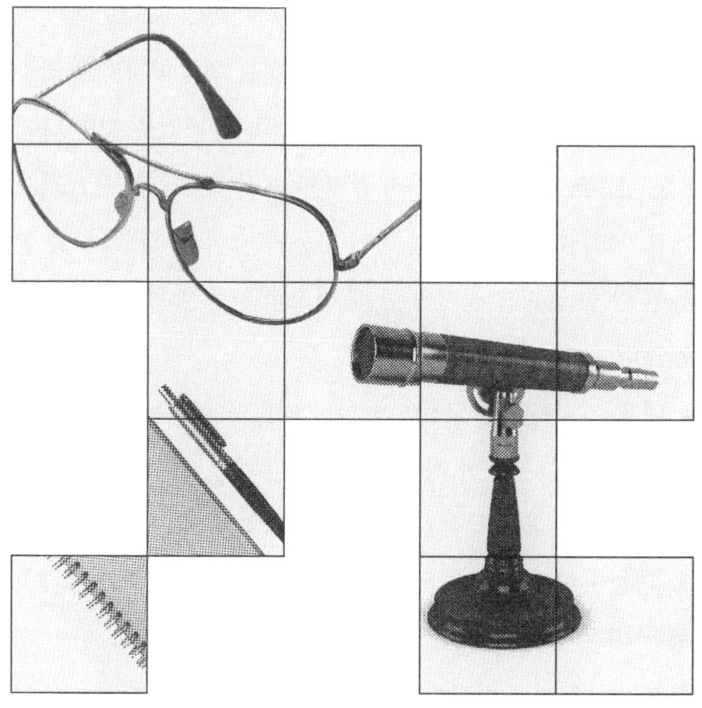

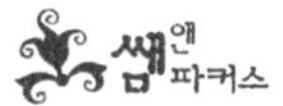

쎌앤파커스

낯선 행성에서 숨쉬기

과학자가 쓴 몇몇 에세이가 유행세를 타서인지 내게도 에세이를 써보자는 제안이 왔다. 별을 사랑하는 천문학자가 들려주는 에세이라니, 로맨틱한 이야기가 가득 담겨있을 것만 같지 않은가? 솔직히 그동안 여러 권의 책을 작업했지만, 이번 책이 가장 어려웠다. 글을 쓰려 하면 한동안 숨이 턱 막혔다. 몇 달 동안 단 한 글자도 적지 못한 채 원고 파일을 방치해둘 수밖에 없었다.

내게 에세이라는 도전이 특히나 벅찼던 이유를 몇 가지 생각해볼 수 있다. 우선 에세이는 작가의 개인적인 이야기를 들려주어야 한다. 개인적인 감상, 사소한 하루의 경험을 솔직하고 과감하게 드러내야 하는 것이다. 그런데 이런 글쓰기는 그동안 내가 훈련했던 글쓰기와는 성격이 크게 다르다. 나는 지금까지 우주에서 발견한 진리의 조각들을 엮어서 현상 이면에 무엇이 숨어 있는지, 그 진리의 조각들이 어떤 그림을 완성하고 있는지 추론하고 설득하는 성격의 글을 주로 써왔다. 물론 학술 논문에도 개인적인 취향과 의견이 담기기는 하지만, 그렇다고 내 일과를 털어놓지는 않으니까. 어떤 커피를 마셨는지, 지난주 누구를 만나 어떤 일이 있었는지 따위야말로 절대 학술 논문에 담을 수 없는 내용일 테니까. 결론적으로 나는 그동안 에세이와 가장 먼 자리에서 글을 써온 셈이다. 그렇기에 에세이 집필이 나에게는 마치 낯선 행성의 대기에서 숨쉬려고 발버둥 치는 일 같았다.

또 다른 문제는 내가 에세이 형식으로 전할 만큼 충분히 재미난 삶을 살아오지 못했다는 점이다. 물론 나는 서른을 넘긴 어엿한 아저씨다. 강의실에서 내 수업을 듣는 학생들에게는 적어도 열 살은 더 늙은 어른이겠다. 하지만 인생을 꿰뚫고 통달했다고 자부하기에도 민망한 나이다. 아이는 아니지만 훌륭한 어른이라고 하기도 어렵다. 아마 내 글을 읽게 될 독자 중에는 나보다 나이가 많은, 지구와의 추억이 더 풍부한 이들도 많을 것이다. 그들에게 내가 감히 인생이 이렇고 세상이 저렇고 한다고 설득력을 갖출 수 있을까? 그저 부끄러울 뿐이다.

나는 아주 어릴 때부터 천문학자로 꿈을 정했고, 초등학교에서 대학교에 이르기까지 단 한 번도 진로를 고민해본 적이 없다. 어릴 때부터 무조건 천문학자가 되고 싶었고, 당연히 그렇게 될 것을 믿어 의심치 않았다. 과학에 몰두할 수 있는 과학고등학교에 진학했고, 대학교에서도 줄곧 좋은 성적을 받으며 우등생으로 졸업했다. 대학원에서도 연구가 잘되지 않을 때

스트레스를 받기도 했지만, 괴로웠다고 하기에도 민망한, 지극히 평범한 날들이 이어졌다. 무사히 박사 과정을 졸업하고, 지금은 대학에서 학생들을 가르친다. 또 내가 사랑하는 은하들의 춤사위를 연구하며 삶을 영위하고 있다. 나의 아내 말마따나 나는 '오타쿠'지만, 다행히 내가 좋아하는 분야에만 몰입해도 지탄받지 않는다. 오히려 그 덕분에 사회에서 인정받아 마음껏 내가 좋아하는 천문학, 은하를 '덕질'하면서 살아가는 복 받은 오타쿠다. 이처럼 내 삶은 너무 무탈했기에, 무턱대고 '천문학자의 에세이'라는 키워드에 혹해 집필해보겠다고 덤빈 과거의 나를 한동안 원망했다.

결국 출판사와 약속한 원고 마감일까지 어겨가며 아무런 글도 쓰지 못했다. 그러다 그냥 아무 말이나 해보자는, 조금 무책임한 생각이 떠올랐다. 맨날 천문학과 은하만 생각하고 사는 조금 이상한 사람 중 한 명으로서 이 사소한 생각과 경험을 두서없이 풀어내보자고 생각했다. 그렇게 마음 한 켠에 처리하지 못하고 방치해둔 책임감을 내려놓고 나니 글이 손끝에서 흘러나오기 시작했다.

이 책은 정말 두서없다. 제목을 '천문학자가 의식의 흐름대로 들려주는 이야기'로 할까 고민했을 정도다. 편집자가 멋진 제목을 골라주었으니 참 다행이다. 이 책에는 우주와 인간 사회를 이루는 구성원으로서, 그리고 천문학을 꿈꾸고 천문학자로 살아가는 한 사람으로서, 평소에 품고 있던 질문들을 쏟아냈다. 대체 왜 사람들은 이토록 아름다운 밤하늘, 우주에 별로 관심이 없을까? 왜 천문학자에게 낭만을 강요할까? 정말 일부 사람들이 떠들어대는 것처럼 천문학자는, 나는 아무짝에도 쓸모없는 일을 하고 있을까? 나는 국가지원연구비를 탕진하는 중일까? 이 모든 질문에 대한 나름의 대답을, 그러니까 '개똥철학'을 담았다.

생각해보니 이 책이 독자들의 의구심을 해결하거나, 독자들을 설득하지 못하더라도 괜찮을 것 같다. 나는 단지 내가 어쩌다 이 쓸모없어 보이는 천문학을 지금껏 붙잡고 살아갈 수밖에 없는지 들려주고 싶을 뿐이다.

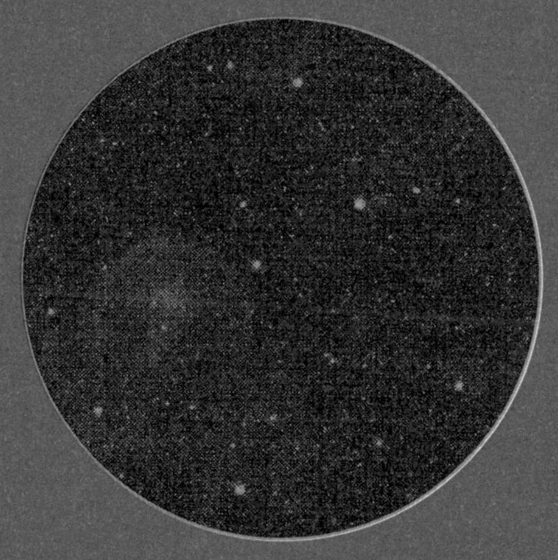

1장

쓸모없음에 대한 자백

: 나는 인류의 행복에 기여하는가

"과학이 과학자에게
생계 수단만 아니었더라면 경이로울 텐데."

_알베르트 아인슈타인 Albert Einstein

해마다 분기별로 과학자들에게 가장 중요한 시즌이 찾아온다. 바로 한국연구재단에서 진행하는 정부출연연구비에 지원하는 것이다. 천문학 같은 순수 자연과학 분야에서는 사실상 연구비를 받을 수 있는 유일한 창구다. 다른 공학 분야들은 가끔 기업에서 후원하는 연구비도 노릴 수 있지만, 자연과학 분야는 큰 기대를 하기 어렵다.

세금을 요구하는 일인만큼 까다롭고 섬세한 심사 과정을 거친다. 내 연구의 상대적 중요성을 들어 연구비 지원의 정당성을 피력하는 제안서를 제출해야 한다. 그러면 익명의 심사자들이 모여서 평가를 거친다. 그런데 제안서를 쓸 때마다 숨이 턱 막히는 부분이 있다. 바로 경제적 가치를 묻는 항목이다.

연구 주제의 배경, 연구 방법 등 지극히 과학적인 답변을 요구하는 항목은 막힘없이 써내려갈 수 있다. 오히려 10장 이내로 제한된 제안서의 분량이 너무 부족해서 아쉬울 지경이다. 그런데 딱 하나, 연구의 '경제적 가치'를 묻는 항목에서만큼은 쉽사리 키보드를 두드리지 못한다. 영감이 떠오르지 않아 오랫동안 활동을 쉰 소설가라도 된 것처럼, 새하얀 제안서 양식 파일을 띄워놓고 깜빡이는 커서만 멍하니 바라볼 뿐이다.

가끔은 이런 문항이 폭력적으로 느껴질 때도 있다. 천문학이 다른 분야에 비해 얼마나 쓸모없는지, 그리고 천문학자인 내가 얼마나 쓸모없는지를 굳이 들춰내는 듯하다. 이미 나도 잘 알고 있다. 천문학이 우리의 일상에 얼마나 쓸데없어 보이는지 말이다. 물론 마음 같아서는 우주를 사랑하고, 밤하늘을 올려다보는 일이 우리에게 얼마나 소중한지 설득하고 싶은 마음도 없지 않다. 하지만 나와 같은 극소수의 별종들을 제외하면 대부분 쉽게 설득되지 않으리란 현실도 잘 안다. 내가 사랑하는 대상이 대다수에게 아무런 의미도 갖지 않는다는 사실을 인정하는 것만큼 쓰라린 것이 또 있을까?

결국 연구비 지원 기관이 물어보는, 아니, 강요하는 내 연구의 '경제적 성과'는 뻔하다. 우주 연구를 통해 물리학의 근원을 이해하고, 인류의 지식과 지평이 넓어지는 데 기여할 수 있다는 교과서적인 이야기다. 작년에도, 재작년에도 단어 몇 개만 달라졌을 뿐 매번 똑같은 이야기를 한다. 나 스스로도 별로 설득력이 없다는 것을 잘 알면서도, 그런 답만 해줄 수밖에 없어 안타까울 뿐이다.

그런데 사실 '천문학이 우리에게 쓸모없다'고 할 때, 여기에는 중요한 명사 하나가 빠져 있다. '당장' 쓸모가 없다고 하는 것이 정확하다. 비록 지금의 연구가 당장은 적당한 쓸모를 찾지 못하지만, 분명 수백 년이 지난 뒤에는 꽤 괜찮은 쓸모를 찾게 될 거라 확신한다. 역사가 그것을 증명한다.

핵을 훔친 프로메테우스

교과서적인 사례가 있다. 위대한 물리학자 아이작 뉴턴 하면 떠오르는 유명한 이야기다. 나무 아래 앉아 있던 뉴턴의 머리 위에 사과가 떨어졌고, 그것을 보고 그는 지구가 사과를 끌어당기는 힘인 중력을 발견했다. 사실 이 일화에는 약간의 MSG가 묻어 있다. 실제로 뉴턴이 한 고민은 단순히 '사과가 왜 떨어지는지'에 머무르지 않았다.

뉴턴의 진짜 고민은 사과 너머 달을 향했다. 사과처럼 작고 가벼운 물체도 땅으로 떨어지는데, 어떻게 더 거대하고 무거운 달이 하늘에 떠 있는 것일까? 뉴턴은 놀라운 해답을 찾았다. 사실 달도 사과처럼 지구의 중력에 붙잡혀 지구를 향해 떨어지고 있다는 것이다. 단지 지구로부터 거리가 너무 멀고, 충분히 빠르게 움직이고 있어서 영원히 지면에 닿지 않은 채 지구 주변을 맴돌고 있을 뿐이다. 뉴턴은 궤도 운동의 본질이 영원한 무한 낙하라는 사실을 깨달았다.

더불어 뉴턴은 흥미로운 사고실험을 고안했다. 높은 산꼭대기에서 수평 방향으로 쏘아올린 대포알을 상상했다. 느리게 날아가던 대포알은 산기슭 바로 아래에 떨어진다. 그런데 만약 대포알을 충분히 빠른 속도로 쏜다면, 대포알은 영원히 땅에 닿지 않은 채 지구 주변을 맴돌게 된다. 충분히 빠른 속도만 달성할 수 있다면 가짜 달도 인공적으로 만들 수 있다. 뉴턴의 통찰로부터 400년이 지난 지금, 우리는 뉴턴의 발견을 활용해 살아간다. 매일 우리 머리 위를 지나가는 인공위성도 그중 하나다. 인공위성은 뉴턴의 대포알 사고실험의 원리를 그대로 따라간다.

여기서 중요한 것은 뉴턴은 애초에 실용적인 고민을 하지 않았다는 것이다. 당시 뉴턴은 어떻게 해야 지구 반대편에 사는 친척과 실시간으로 메시지를 주고받을 수 있을지, 어떻게 해야 지구 반대편에서 열리는 올림픽 경기를 생중계로 볼 수 있을지 따위를 전혀 고민하지 않았다. 애초에 그런 것에 전혀 관심이 없었다. 하지만 시간을 거슬러 뉴턴에게 '왜 실용적인 고민은 하지 않았냐?'고 책임을 물을 수는 없다. 애초에 그것은 뉴턴의 몫이 아니니까.

그는 왜 달이 하늘에 떠 있는지 궁금했을 뿐이다. 남들이 보기엔 굳이 설명할 필요조차 없을 정도로 지극히 당연해 보이는 풍경이 왜 그런 모습일 수밖에 없는지 고민했다. 이게 바로 과학의 본질이다. 물론 400년 뒤에는 사고실험을 실현하고 그 쓰임새를 찾아낸 영리한 실천가들이 등장했다. 그들의 손을 거쳐 상상 속에서만 가능했던 뉴턴의 발견은 인류 문명의 가장 중요한 기술로 탈바꿈했다.

나는 엔지니어들이 부럽고 또 그들에게 감사하다. 자연과학 자들은 관심을 기울이지 않는 '연구의 쓸모'를 대신 찾아주는 고마운 이들이다. 우리 자연과학자들은 참 무책임하다. 애초에 타인의 행복을 위해서가 아니라 개인의 지적 욕망을 채우기 위해 연구하는 이기적인 존재다. 138억 년 전 우주는 어떻게 시작되었는지, 별은 왜 찬란하게 빛나고 있는지, 우주가 왜 하필 이런 모습으로 존재하는지, 우주를 존립시키고 작동시키는 거대한 원리는 무엇인지 궁금할 뿐이다. 호기심 하나만을 위해 귀중한 공적 자산을 갉아먹는 존재인지도 모른다.

엔지니어들은 타인의 행복을 위해서 일하는 이타적인 존재다. 우리가 편리하고 윤택한 삶을 영위할 수 있도록 기술적 진보를 이끈다. 자연과학자와 엔지니어는 애초에 주어진 역할과 책임이 다르다. 자연과학자는 우주가 작동하는 원리를 인간의 언어로 번역한다. 엔지니어는 그렇게 알게 된 우주의 원리를 우리에게 주어진 제한된 재료를 활용해서, 최대한 기술에 적용하기 위해 노력한다. 그런 노력 속에서 쓸모없던 발견이 비로소 쓸모를 찾게 된다.

이처럼 과학과 기술은 본래 성격이 다르다. 나는 과학과 기술을 이렇게 구분하고 싶다. 과학은 이해understanding의 학문이다. 인류가 하늘을 올려다보기 시작한 이래로, 인류는 우주의 탄생과 결말을 궁금해하는 존재가 되었다. 자신을 둘러싼 우주가 어떻게 작동하는지, 생명이 어떻게 탄생하고 진화했는지를 언어로 이해하고자 했다. 세상의 이치를 이해하려는 지적 호기심 속에서 과학이 탄생했다. 반면 기술은 이해보다는 구현reproducing의 학문이다. 과학이 밝혀낸 우주의 원리를 바탕으로, 그것을 최대한 우리의 현실 속에 구현하고 적용하는 데 더 큰 관심을 갖는다.

뉴턴이 없었다면 21세기의 정보혁명은 절대 일어날 수 없었다. 매일 내비게이션의 안내를 따라 도로를 달리고, 일기예보에 따라 옷차림을 결정하는 우리는, 모르는 사이 뉴턴에게 큰 빚을 지고 있는 셈이다. 아마 뉴턴 스스로도 자신의 발견에 이렇게 놀라운 실용성이 있었다는 사실을 상상하지 못했을 것이다.

독일 태생의 천체물리학자 한스 베테Hans Bethe는 밤하늘의 별이 왜 오랫동안 꺼지지 않고 빛을 내는지 궁금했다. 베테 전까지, 별은 단순히 뜨겁게 달궈진 금속 덩어리 정도로 인식됐다. 하지만 그것 만으로는 별이 수십억 년 동안 계속 타오른다는 것을 설명할 수 없었다. 베테는 별이 품고 있는 불씨의 정체를 알아냈다. 수소와 같은 가벼운 원자핵이 빠르게 요동치며 더 큰 원자핵으로 성장하는 핵융합 반응의 원리를 규명한 것이다. 베테가 별의 핵융합 반응을 알아내기까지, 그에게는 우리의 풍요로운 일상을 위한 어떤 선의도 없었다. 그는 단지 별이 궁금했고, 별이 알고 싶었을 뿐이다. 그런데 오늘날 그의 발견은 뜻밖의 쓸모를 갖게 되었다.

엔지니어들은 별의 핵융합 반응을 지구에서 실현시킬 수만 있다면, 인류가 에너지난을 겪지 않을 거라는 미래를 그렸다. 이론적으로 핵융합 반응은 아무런 오염 물질을 남기지 않고, 효율적으로 에너지를 생성할 수 있는 에너지원이다. 방사능 폐기물 문제를 안고 있는 지금의 원자력 발전보다 안전하다. 아이언맨의 가슴팍에서 빛나는 아크로원자도 핵융합 발전으로 작동한다. 핵융합 발전은 머지 않은 미래에 인류를 구원할 꿈의 기술로 여겨진다. 이미 한국을 비롯해, 여러 선진국들은 상온 핵융합 발전을 위한 다양한 연구를 이어가고 있다. 베테는 자신도 모르는 사이에, 인간을 위해 밤하늘의 불씨를 땅으로 훔쳐온 프로메테우스가 되었다.

자연과학의 쓸모와 관련해 최근에 벌어진 또 다른 재밌는 사례가 있다. 2015년 미국의 LIGO^{Laser Interferometer Gravitational-Wave Observatory} 연구팀은 지구를 스쳐 지나가는 시공간의 미세한 출렁임을 세계 최초로 관측했다. 수억 광년 거리에서 맞

부딪힌 두 개의 블랙홀이 퍼뜨린 중력파 때문이었다. 서로의 곁을 맴돌던 두 블랙홀이 결국 하나의 블랙홀로 합체했고, 그 순간 주변 시공간에 강력한 파동이 퍼졌다. 그것이 수억 년을 가로질러 지구까지 닿았던 것이다.

마침 지구에는 중력파를 감지하기 위해 지어 놓은 거대한 우주 부표가 설치되어 있었다. 길이 4킬로미터에 달하는 L자 모양의 거대한 중력파 검출기 LIGO다.

이 거대한 장치는 오로지 시공간의 떨림을 감지할 목적으로 지어졌다. 중력파는 너무나 미미하다. 그래서 당시 한 블랙홀이 퍼뜨린 중력파가 태양계를 휩쓸고 지나갔을 때도 우린 아무것도 느끼지 못했다. 일상에도 아무런 변화가 없다. 그런데 뜻밖에도 최근 이 중력파 검출기의 새로운 쓸모가 거론되고 있다. 시공간의 아주 작은 떨림까지 감지할 수 있도록 설계되었기 때문에, 지진계의 역할도 할 수 있는 것이다. 땅 깊은 곳에서 미세하게 퍼져 나오는 진동을 감지하고 큰 지진을 예보하는 데 도움이 된다. 물론 지진 자체는 막지 못하겠지만, 사람들의 대피 시간을 벌 수 있다. 시공간의 떨림 따위를 감지하겠다는 과학자들의 쓸모없는 의도가 많은 이들의 생명을 살릴 수 있는 소중한 쓸모를 갖추게 된 것이다.

마라탕후루 같은 과학기술

천문학을 비롯한 자연과학이 잠재적으로 쓸모 있다고 무작정 변호하고 싶지는 않다. 나의 쓸모없음을 겸허히 받아들인다. 나는 수억 광년 거리에서 중력을 주고받는 두 은하의 상호작용을 연구한다. 빛의 속도로 날아가도 수억 년이 걸리는 먼 거리에 떨어진 두 은하의 '중력적 연애질' 따위가 당장 우리 일상에 무슨 도움이 되겠는가? 세금으로 연구비를 지원해주는 국민들에게 미안하다. 하지만 나는 애초에 과학과 기술에 각각 주어진 역할과 책임이 다르다는 점을 설명하고 싶다.

과학은 당장 인류의 불편함을 덜어주거나, 미래의 먹거리를 창출하는 데 별 관심이 없다. 과학은 그 자체로 즉각적인 경제적 이익을 약속하지 않는다. 애석하게도 실용성은 기술, 공학의 몫으로 돌려야 한다. 자연과학이 유의미한 쓸모를 갖기 위해서는 긴 기다림이 필요하다. 심지어 우리가 세상을 떠나고도 한참 시간이 걸릴 수 있다. 그래서 동시대의 과학은 나에겐 쓸모가 없어 보인다. 과학은 당장 우리를 위해 작동하지 않는다. 그 이후를 바라보기 때문이다. 천문학이 그토록 쓸모없는 일이라면, 진작 역사의 뒤안길로 사라지지 않았을까? 인류가 고개를 처음 들어올린 이래로 수천 년째, 이 학문이 아직도 사장되지 않고 꿋꿋하게 살아남았다는 것 자체만으로 천문학은 자신의 쓸모를 나름대로 입증하고 있다고 생각한다.

대한민국 헌법 127조 1항
"국가는 과학기술의 혁신과 정보 및 인력의 개발을 통하여 국민 경제
의 발전에 노력하여야 한다."

대한민국 헌법에서 '과학기술'이라는 표현이 등장하는 유일
한 조항이다. 이 짧은 조항은 나를 두 가지 측면에서 놀라게 한
다. 우선 하나는 헌법에 과학이라는 단어가 언급되고 있기는
하다는 점, 그리고 또 다른 하나는 헌법이 정의한 과학의 책임
이 지나치게 협소하다는 점이다. 헌법에 따르면 과학은 국민
경제의 발전이라는 목표를 이루기 위한 수단으로서 가치를 가
진다. 조금 과장하자면, 경제적 성과로 직결되지 않을 게 뻔한
기초과학 분야에 재정적 지원을 아끼지 않는 지도자는 위헌적
인 지도자가 될 수도 있다는 말이다.

대한민국 헌법에 '과학'이라는 단어는 1963년 발효된 제5차
개정헌법 당시 처음 등장했다. 그리고 지금까지 줄곧, 과학은
국가 발전이라는 대의에 봉사해야만 하는 실용적인 도구로 취
급되었다. 일제 식민 지배와 전쟁을 겪고, 폐허 위에 다시 나라
를 세워야 했던 시대적 맥락을 고려하면, 충분히 이해할 수 있
는 일이다. 당시에는 짧은 기간 안에 선진국을 따라잡는 것이

중요한 국가적 과제였다. 경제성장이라는 절체절명의 과업에 과학기술이 총동원되었고, 그 결과 경공업과 중공업, 나아가 IT 산업에서 한국은 세계적 지위에 오를 수 있었다. 과학기술은 헌법이 규정한 바와 같이 국가 경제를 견인하는 역할을 성실히 수행했다.

하지만 과학기술이라는 표현에는 함정이 숨어 있다. 지난 수십 년간, 국가 지도자들이 주목하는 과학기술에 '과학'은 없었고, 방점은 '기술'에만 찍혀 있었다. 정부 정책에서 과학은 그저 기술이라는 단어를 멋지게 포장하는 형용사처럼 그 앞에 붙어 있을 뿐이다. 아무리 정권이 바뀌어도 과학과 기술은 항상 띄어쓰기 없이 한 단어로 묶여 있다. 나에게 과학기술이라는 단어는 '마라탕후루' 만큼 괴상한 합성어다.

과학과 기술을 구분하지 못하는 현실은 미디어에도 드러난다. 가끔 신문의 과학면을 보면, 이게 과학면이 맞나 싶을 때가 있다. 이름만 과학면일 뿐, 지면을 차지하고 있는 건 새로 나온 스마트폰의 기술력을 광고하는 기사, 바이오 기업의 주식이 상한가를 찍었다는 기사, 새로운 전기차의 자율주행 기술을 과시하는 기사 들이다. 그 어디에서도 현존 최고 수준의 관측기인 제임스 웹 우주망원경James Webb Space Telescope이 초기의 은하를 포착했다는 소식을, 새로운 종류의 블랙홀이 발견되었다는 소식을 찾아볼 수 없다. 대부분 과학과 기술, 둘의 차이를 인식하지 못하는 가운데, 둘 모두가 부당한 요구를 받는다. 과학은 기술의 쓸모를, 기술은 과학의 순수함을 강요당한다.

1958년 미국이 NASA를 설립하면서 제정했던 국가항공우주법National Aeronautics and Space Act of 1985은 NASA의 존재의 이유를 이렇게 선언한다. "우주와 외기권에 대한 이해를 통해 인류의 지식을 확장한다." 법조문 같은 딱딱한 국가 문서에 삽입된 표현은 단어 하나, 쉼표 하나만으로도 해석이 달라진다고 하지 않던가. 나는 아주 대단한 것을 바라지 않는다. 현행 헌법 속 과학기술이라는 단어 사이에 쉼표 하나만이라도 찍어줄 수 없을까? 과학기술이 아닌, '과학, 그리고 기술'이라고 불러줄 수는 없을까? 그 작은 쉼표 하나가 비로소 과학을 단순한 돈벌이 수단이 아닌, 우주와 생명을 이해하는 독립된 학문으로 존중하는 작은 첫걸음이 될 것이다.

2장

나는 은하수를 미워하는 천문학자다
: 과학의 적은 누구인가

“우리는 모두 진흙탕 속에 있지만,
그중 몇몇은 별을 바라본다.”

_오스카 와일드Oscar Wilde

나는 은하를 연구하는 천문학자다. 그런데 은하수를 미워한다. 아니, 혐오한다고 해도 과언이 아니다. 여러 가지 이유 중 우선 사소한 이유부터 말하자면, 그 이름을 정확히 어떻게 불러야 할지 헷갈리기 때문이다. 은하수는 우리말로 '우리 은하'라고도 부른다. 그런데 '우리'와 '은하'를 띄어 써야 할지, 붙여서 한 단어로 써야 할지가 모호하다. 우리말에서 띄어쓰기는 가장 곤란한 문제 중 하나다. 대체 문장의 숨을 어디에서 끊어야 할까? 띄어쓰기는 맞춤법이라는 체계 속에서 가장 까다롭고 감각적인 규칙일지 모른다. 나는 은하수에 대해 말할 때, 항상 입술을 머뭇거린다.

지구, 태양계를 비롯한 수많은 천체를 품고 있는 거대한 고향이 바로 은하수다. '우리 은하'는 지름만 해도 10만 광년에 달하는, 장대한 별들의 집합이다. 이 표현에는 나와 당신, 그리고 아직 우리가 만난 적 없는 외계 생명체들까지, 상상할 수 있는 모든 존재를 아우르는 따뜻함이 담겨 있다. 유독 다정하고 서정적이다.

재밌게도 천문학자들 사이에서도 이 표현의 띄어쓰기 문제
는 아직도 정리되지 않았다. 심지어 국어사전과 과학 교과서
에서도 기준이 다르다. 국립국어원은 '우리 은하'라고 띄어 쓰
는 것이 맞다고 설명하지만, 교육부 지침에 따르면 '우리은하'
라고 한 단어로 붙여 쓰도록 권장해서 상황을 혼란스럽게 만
든다. 무엇이 맞는가? 나도 잘 모르겠다.

'우리나라'라는 단어에서 실마리를 얻을 수 있지 않을까? 누
군가는 이 단어를 쓸 때 '우리 나라'라고 띄어쓰기도 한다. 우
리가 함께 사는 나라, 우리의 나라라는 인식을 반영했기 때문
이다. 하지만 국어사전에 따르면, 우리나라는 고유명사다. 붙
여 쓰는 것이 옳다고 설명한다. 대한민국 사람이 대한민국을
지칭할 때는 '우리나라'가 맞다. 반면 외국인이 자신의 고국을
소개할 때는 '우리 나라'라고 하는 자연스럽다. 발화 주체가 자
신의 공동체를 지칭하는, 일반적인 대명사로 쓰일 때 띄어쓰
기 규칙은 달라진다. 참 미묘하다.

이와 정확히 같은 이유로, '우리 은하'라는 표현도 복잡해졌
다. 100년 전까지만 해도 이런 고민이 필요치 않았다. 왜냐하
면 그때까지 인류는 단 하나의 은하, 우리 은하만 알고 있었기
때문이다. 우리의 은하가 곧 은하 그 자체였고, 곧 우주 전부였
다. 그러니 굳이 우리 은하인지, 남의 은하인지 따질 필요조차
없었다. 그 단어가 가리키는 것은 우주에서 유일했으니까. 우

리는 비좁지만 명확한 한계가 있는 우주에 살고 있었고, 언어
도 그만큼 단순했다.

우리만 특별하다는 헛된 미련

하지만 1923년, 모든 것이 달라졌다. 미국의 천문학자 에드윈
허블Edwin Hubble은 가을 밤하늘에 떠 있던 안드로메다은하를
응시했다. 그 안에서 우리 은하를 벗어나 반짝이는 별을 발견
했다. 그 별은 너무 멀리 떨어져 있었다. 도저히 우리 은하 안
에 함께 살고 있는 이웃이라고 볼 수 없는, 확실히 '남의 은하'
에 있는 존재였다. 안드로메다은하는 단순히 우리 은하 공간
을 떠도는 작은 조각 구름이 아니라, 우리 은하 너머 훨씬 먼
우주공간에 따로 존재하는 또 하나의 은하였다. 인류는 그날
밤, 처음으로 우리를 품고 있는 은하가 우주의 전부가 아니었
다는 사실을 알게 되었다. 우주는 우리가 상상했던 것보다 훨
씬 더 광활했다.

허블의 발견은 은하의 개념을 송두리째 바꿨다. 은하는 별
과 가스, 암흑 물질이 중력으로 뭉쳐진 작은 세계, 고작 별이
수천억 개 모여 만들어진 별의 작은 도시일 뿐이다. 이전까지
천문학자들은 우주를 바라보는 최소 단위가 별이었다. 하지만

이제 별이 아닌 은하를 단위로 우주를 이해한다. 마치 생명체를 바라볼 때 더 작은 분자 대신, 세포를 최소 단위로 삼는 것과 비슷하다. 은하는 우주의 세포다. 우주의 진화를 파악할 수 있게 해주는 최소 단위다. 그리고 우리는 그 세포에 기생하는 미생물보다 더 작은 존재다.

우주는 셀 수 없이 많은 은하로 채워진 거대한 바다다. 이 바다에는 무수한 섬들이 흩어져 있고, 우리 은하는 그중 작은 하나에 불과하다. 천문학자들은 이러한 우주를 섬 우주island universe라고 부른다. 이제 다시 원래의 질문으로 돌아가보자. 그렇다면 나는 내가 사는 이 섬을 '우리섬'이라고 써야 할까, '우리 섬'이라고 띄어 써야 할까? 다른 존재가 사는 섬도 그들에겐 '우리 섬'이 아닐까? 그러한 맥락에서 나는 우리가 사는 이 은하를 우리 은하라고 띄어 쓰는 것이 마음이 놓인다. 이 넓은 우주에 수많은 존재가 있다면, 그들 각자에게 자신만의 '우리 은하'가 있어야 할 테니까.

언어의 혼란은 영어 표현에서도 드러난다. 우리 은하는 영어로 'Milky Way(밀키웨이)'다. 이 말은 고대 신화에서 기원했다. 제우스의 아내 헤라의 젖이 밤하늘을 가로지르면서 은하수가 만들어졌다는 전설에 따라, 밤하늘을 유유히 흘러가는 별의 강줄기를 우유의 길이라고 부르기 시작했다. 우유를 뜻하는 갈락토오스galactose가 조금씩 변형되면서 오늘날 은하를 의미하는 갤럭시galaxy라는 단어도 만들어졌다.

　하지만 실제 우리 은하의 모습은 기다란 강줄기가 아니라 얇고 둥근 원반이다. 우리가 밤하늘에서 보는 기다란 띠의 모양은 그 원반 안에 사는 우리가 바라본 원반의 단면이다. 따라서 밀키웨이는 정확히 말하면 우리 은하 전체가 아닌, 우리가 바라본 우리 은하의 한 단면을 지칭하는 표현에 지나지 않는다. 원기둥 모양의 케이크를 옆으로 자른 단면만 보고, 케이크를 원기둥이 아닌 네모라고 하는 것과 다르지 않다. 그런데도 우린 여전히 우리 은하를 밀키웨이라고 부른다. 수천 년 전부터 자리잡은 관습을 아직도 고치지 못하고 있다.

　더 괴상한 표현도 있다. 영어로 이미 밀키웨이라는 고유 명사를 두고 있으면서도, 이것을 굳이 한 번 더 꼬아서 'Milky Way Galaxy'라고 부르기까지 한다. 이것을 그대로 우리말로 직역한다면 '은하수 은하'라고 부르는 꼴이다. 이건 '강물 강'이나 '창공 하늘'이라 부르는 것처럼 동어 반복이다. 나는 개인적으로 이런 표현에 강한 거부감을 느낀다. 은하수가 이미 은하인데 왜 또 은하라는 단어를 덧붙여야 할까? 어쩌면 아직도 우리 은하가 다른 은하와는 다른 더 특별한 세계이기를 바라는 헛된 미련이 마음 깊이 남아 있기 때문일지 모르겠다.

　고민을 따라가다 보면, 결국 '은하'라는 단어 자체에까지 의문이 생긴다. 한자로 銀河는 은빛의 강이라는 뜻이다. 이 단어도 사실 따지고 보면 밤하늘을 길게 흐르는 별의 띠를 보고 붙인 이름이다. 영어의 밀키웨이와 별반 다르지 않다. 셀 수 없이 많은 은하가 우주 끝까지 고르게 분포하는 입체적인 우주를 그릴 수 있는 21세기가 되었건만, 우리는 여전히 수천 년 전에 만들어진 우주 속에서 살아간다.

우주는 분명 넓어졌고 우리의 지식과 사유도 함께 넓어졌다. 하지만 우리의 언어는 아직도 과거의 감각에 머물러 있다. 이것은 언어의 강인함과 우리의 게으름을 보여준다. 이제 우리는 셀 수 없이 많은 은하로 가득한 '바다와 같은 우주'를 상상하지만, 여전히 우리 은하라는 작은 섬에 갇힌 비좁은 우주를 이야기하며 살아간다.

완성할 수 없는 지도

은하수는 실제로도 더 넓은 우주로 나아가지 못하게 우리를 방해한다. 단순히 우리의 언어만 과거에 머무르게 만들 뿐 아니라, 실제 우주를 관측하고 우주의 지도를 그릴 때도 현실적으로 우리를 방해한다. 은하수는 거의 10퍼센트가 넘는 밤하늘의 영역을 잔뜩 가리고 지나간다. 은하수에는 높은 밀도로 별과 가스 물질이 흐른다. 그래서 우리는 은하수 너머 더 먼 거리에 숨은 배경 우주를 꿰뚫어볼 수 없다. 은하수는 그 너머의 우주를 모두 가려버린다.

특히 나처럼 외부 은하를 주로 연구하는 천문학자들에게 은하수는 정말 짜증나는 존재다. 나의 시선은 은하수를 향하지 않는다. 나의 고향보다 남의 세상을 탐한다. 나의 관심은 우리 은하 너머 수천만, 수억 광년 거리에 놓인 외부 은하에 있다. 그런 나에게 은하수는 그야말로 하늘을 가로지르는 거대한 똥이나 다름없다. 지금까지 인류가 완성한 가장 정교한 우주의 지도를 보면 거대한 공백이 방치되고 있다. 은하수 탓이다.

우주 전역에 분포하는 은하들의 입체 지도를 그리는 대표적인 프로젝트로 슬론 전천 탐사Sloan Digital Sky Survey, SDSS가 있다. 미국의 자동차 기업 제너럴 모터스의 전설적인 CEO 알프레드 슬론Alfred Sloan이 1934년 다양한 과학 분야에 지속적으로 재정을 지원하기 위해 재단을 설립했다. 슬론 재단Sloan Foundation은 미생물학, 컴퓨터 공학, 심지어 위키피디아의 운영까지 지원하면서, 인류의 지식 수준이 멈추지 않고 계속 번영할 수 있도록 연 9,000만 달러의 거금을 아낌없이 지원하고 있다. 2000년에는 마침내 천문학자들도 슬론 재단의 은총을 받게 되었다. 덕분에 우주 전역에 우리 은하 너머 외부 은하들이 얼마나 멀리 떨어져 있는지, 은하들이 우주공간에 어떻게 분포하는지 알려주는, 방대하고 정밀한 지도를 그리는 역사적

과업을 시작할 수 있었다.

　우주의 지도를 그리는 데는 미국 뉴멕시코주 아파치 포인트 천문대Apache Point Observatory에 있는 지름 2.5미터 망원경을 활용한다. 의외로 엄청 크지 않은 망원경을 사용하는데, 그 이유는 망원경의 지름이 커질수록 초점거리가 함께 길어지고, 한 번에 담을 수 있는 하늘의 시야는 오히려 좁아지기 때문이다. SDSS의 가장 중요한 목표는 최대한 빠르게 둥근 하늘 전체를 훑어보고 지도를 그리는 것이다. 그런데 한 번에 비좁은 시야만 보게 되면, 하늘 전체 면적을 다 훑어보기까지 너무 긴 시간이 걸린다. 그래서 천문학자들은 작은 망원경으로 빠르게 하늘을 훑어보면서 방대한 우주 지도를 완성했다.

　이런 전천 관측으로 완성된 우주 지도는, 우리 은하를 중심에 두고 양쪽으로 부채꼴 모양으로 날개를 펼친 나비와 같은 모습을 하고 있다. 그래서 어떤 사람들은 실제로 우주가 이런 요상한 모양으로 생겼을 거라 착각하기도 한다. 물론 당연히 그렇지 않다. 만약 우주의 모든 방향을 빠짐없이 지도로 채울 수 있었다면, 완벽하게 둥근 공 모양으로 우주의 지도를 그렸을 것이다. 그런데 공백이 남은 이유는 은하수가 우리의 시야를 잔뜩 가리고 있기 때문이다. 이 공백은 그 영역에 은하가 없기 때문이 아니라, 그 영역을 볼 수 없기 때문에 생긴다.

　허블 우주망원경의 뒤를 이어, 제임스 웹 우주망원경이 우주로 올라가고, 지상에도 연이어 지름 수 미터 크기의 대형 망원경이 지어지고 있지만 여전히 우리는 일부 우주를 보지 못한다. 외부 은하를 연구하는 천문학자의 마음을 한번 헤아려보라. 은하수가 밉지 않을 수 있겠는가! 그래서 나처럼 은하수가 아닌 외부 은하를 연구하는 천문학자들은 은하수를 밀키웨이 같은 다정한 이름으로 부르지 않는다. 대신 'Zone of Avoidance(회피대)'라는 멸칭으로 부른다. 은하수가 시야를 가로막고 있어서 망원경의 고개를 돌려 피해야 하는 회피 영역이라는 뜻이다.

매일 밤 은하수는 항상 같은 모습으로 머리 위를 흘러간다. 하지만 그 똑같은 풍경을 누구는 밀키웨이라는 사랑스러운 이름으로 부르지만, 또 동시에 누구는 회피대이라는 증오가 가득 담긴 멸칭으로 부른다. 은하수를 각기 다른 이름으로 부르는 천문학자들의 차이는 단지 그들의 시선이 어디를 향하고 있는지에서 비롯된다. 시선이 은하수에 놓인 이들에게 은하수는 사랑스럽다. 자신들이 연구해야 하는 우주의 비밀이 잔뜩 흐르는 눈부신 보석함처럼 보일 것이다. 하지만 시선이 은하수가 아닌 그 너머의 우주를 향하는 이들은 은하수가 그저 미울 뿐이다.

그런데 얼마 전 오랜만에 외부 은하에 대한 미련을 잠시 버리고, 은하수를 제대로 바라봤다. 지난 수년 동안 지긋지긋하

기만 했던 밤하늘의 장막이 아름답게 빛나고 있었다. 그때 나
는 비로소 밀키웨이를 만날 수 있었다. 우리가 누군가를 혐오
하고 미워한다면, 그건 우리의 시선이 올바른 방향에 놓여 있
지 않기 때문인 것이다.

3장

어중간함의 행운

: 세상은 둘로 쪼갤 수 없다

"자연의 상상력은 인간보다 훨씬 크다.
자연은 우리를 결코 편히 쉬게 두지 않는다."

_리처드 파인만 Richard Feynman

수학은 대체 언제부터 어려워졌을까? 많은 학생들이 '수포자'를 자처한다. 학창시절 다들 한 번쯤은 수학의 벽 앞에 무력함을 느낀 경험이 있을 것이다. 분명 아주 어렸을 때만 해도 겨우 덧셈 뺄셈 정도만으로 충분했던 행복한 추억이 있었다. 그때는 눈 앞에 놓인 사탕 몇 개만으로도 수학을 쉽게 이해할 수 있었다. 그런데 점차 복잡한 상황이 주어진다. 교과서 속에서 철수가 물에 소금을 타기 시작하고, 영희가 주머니에서 임의로 구슬을 뽑기 시작한다. 또 수식에 갑자기 알파벳이 등장하면서 내가 푸는 문제의 과목이 수학인지 영어인지 헷갈리기 시작한다. 이처럼 우리에게는 수학과의 감정적인 이별을 맞닥뜨린 순간이 있다.

고백하자면 나는 수학을 썩 잘하지 않는다. 천문학 박사 학위를 갖고 있고, 과학고등학교를 나왔으니 으레 수학을 잘할 거라 짐작하는 이들이 많지만 전혀 그렇지 않다. 겸손 떠는 게 아니라 정말이다. 가끔 천문학자들끼리 자조적으로 하는 농담이 있다. 수학을 아주 잘하면 수학자가 되고, 수학을 조금 잘하면 물리학자가 되고, 수학을 못하면 천문학자가 된다고 말이다. 수학자는 수학의 본질을 파고들고 그 원리의 바닥까지 싹싹 긁어 먹는 지독한 천재들이다. 그리고 물리학자는 그 수학적 원리를 실제 우주와 자연에 어떻게 접목시켜야 할지 지름길을 제시하는 개척자다. 그러면 천문학자는? 수학자와 물리학자가 잘 갈고닦아놓은 길을 따라가며 우주가 별 탈 없이 잘 작동하고 있는지 구경한다. 천문학자는 수학이라는 거대한 우주를 유랑하는 관광객쯤 될지 모르겠다.

내게도 수학이 갑자기 어려워진 순간이 있다. 허수를 처음 만난 순간의 당혹스러움을 아직도 잊지 못한다. 솔직히 지금도 허수는 적응하기 어렵다. 이상한 말이지만 허수는 존재하면서 존재하지 않는다. 오로지 수학적 목적과 기능을 위해 인위적으로 만들어졌다. 물론 모든 수는 인간이 세상을 해석하기 위해 고안한 인식의 틀이다. 그러나 허수만큼 그 인위성이 노골적으로 드러나는 수는 없다. 물론 허수는 놀라울 정도로 기존의 수학 체계와 잘 맞물려 작동한다. 그래서 허수가 쓰일 때면 현실의 규칙 사이에 숨어 있던 또 다른 차원이 비로소 모습을 드러내는 것 같다.

실제로도 그렇다. 허수는 기존의 수식만으로는 이해할 수 없었던 개념을 보다 직관적으로 인식할 수 있게 만들었다. 우리가 원래 알던 수들은 모두 직선 위에 놓였다. 0을 중심으로 왼쪽에는 음수, 오른쪽에는 양수가 있는 익숙한 '실수'선 말이다. 그런데 이 직선에 수직으로 축 하나가 세워진다. 이제 수는 직선 위에서만 움직이지 않고 평면 위로 자연스레 확장된다. 이곳이 바로 허수의 영역이다.

허수는 모든 복잡한 수학적 난제를 보다 직관적인 기하학적 개념으로 변형시킨다. 그래서 난 허수가 수학이 줄 수 있는 형이상학적 매력의 정점에 있다고 생각한다. 허수가 등장하면서 비로소 수학은 가장 수학다운, 순수한 형태의 아름다운 수학이 되었다. 그런데 바로 그렇기 때문에 허수는 수학을 난해하게 만든다.

많은 사람들이 우주를 동경하지만, 우주를 수학적으로 파고드는 천체물리학이나 천문학을 어렵게 느끼는 이유도 허수의 경우와 비슷하다. 사람들은 언제부터 과학을 어렵게 느끼게 되었을까? 과학자와 일반 시민 사이에 인식의 간극이 벌어지기 시작한 시점은 언제였을까? 나는 그것이 과학이 더 이상 눈에 보이지도, 손에 잡히지도 않는 세계를 뒤쫓기 시작한 때부터라고 생각한다.

혁명의 사이즈, 메조 코스모스

먼 옛날 과학은 일상을 다뤘다. 냄비에 담긴 물이 어떻게 끓어오르는지, 우박이 왜 땅으로 떨어지는지, 교회 천장에 매달린 진자가 얼마나 빠르게 진동하는지……. 눈에 보이고 손에 잡히는 대상들에 관련된 문제만 다뤘다. 익숙한 풍경이 어떻게 작동하는지, 그 간단한 이치만을 고민했다. 그런데 지금의 과학은 전혀 그렇지 않다. 눈에 보이지 않을 정도로 작은 입자의 미시세계, 혹은 감히 상상할 수 없을 정도로 큰 우주의 거시세계를 탐구한다. 우리가 일상에서 경험할 수 없는 스케일을 이야기한다. 몸에 밴 감각만으로는 공감하기 어렵다. 오감을 벗어난 새로운 감각을 길러야만 한다.

현대 입자물리학 발전에 이바지해 노벨 물리학상을 수상한 물리학자 셸던 글래쇼Sheldon Glashow은 다음과 같이 인간을 새롭게 정의했다.

"인간은 원자에 비해 너무 크고, 별이 비해 너무 작다."

실제로 인간의 평균 신체 사이즈는 절묘하다. 원자핵에 비해서는 수십억 배 큰 반면, 태양과 같은 일반적인 별에 비해서는 수십억 배 작다. 인간의 크기는 수학적으로 봤을 때, 딱 원자핵과 별의 중간값 정도다. 이도 저도 아니고, 어느 쪽으로도 치우치지 않아 애매하다. 안타깝게도 우리의 손가락은 너무 두꺼워서 원자를 집을 수 없다. 팔은 너무 짧아서 별을 품에 안을 수 없다. 인간은 원자들의 미시세계에도, 별의 거시세계에도 낄 수 없는 존재다. 인간은 두 세계 모두 편히 탐구할 수 없는 최악의 신체적 조건을 타고났다.

그럼에도 우리는 꾸역꾸역 과학을 해내고 있다. 생각해보면 우리는 어느 쪽으로도 치우치지 않은, 어중간한 크기 덕분에 오히려 미시세계와 거시세계를 모두 넘나들 수 있는 존재가 되었다. 만약 우리가 원자핵 정도로 아주 작았다면 감히 우주의 거대 구조까지는 상상도 할 수 없었을 것이다. 반대로 우리가 항성만큼 듬직한 덩치를 갖고 있었다면, 이 우주가 얼마나 작은 존재로 이루어져 있는지 감히 파악하지 못했을 것이다. 어중간한 크기는 행운이다. 우리는 극단적인 스케일에 치우치지 않고, 가장 작은 세계부터 가장 거대한 세계까지 모든 것을 감각할 수 있는 존재다. 우리는 마이크로^{micro} 코스모스와 매크로^{macro} 코스모스 사이, 그 중간의 메조^{meso} 코스모스다.

어중간함의 진정한 가치를 깨닫는 것은 둘 사이를 가로막고 있는 경계를 허무는 데서 시작한다. 이것은 굉장한 용기가 필요한 일이다. 인류의 과학이 끊임없이 반복한 일이기도 하다. 많은 과학철학자들은 '과학의 진보', '과학 혁명'을 다양한 방식으로 정의해왔다. 나는 여기에 새로운 정의를 하나 추가해 보고 싶다. '과학 혁명'은 이전까지 구분하던 것을 더 이상 구분하지 않기로 마음먹는 과정이다. 더 짧게 표현하면 우주가 어중간하다는 현실을 받아들이는 과정이다.

대표적으로 갈릴레오 갈릴레이를 거쳐 아이작 뉴턴으로 이어지며 학계의 정론이 천동설에서 지동설로 전환된 과정을 가리키는 코페르니쿠스 혁명Copernican Revolution을 생각해볼 수 있다. 갈릴레이가 등장하기 전까지 인류는 아리스토텔레스의 우주에 갇혀 살았다. 아리스토텔레스는 땅과 하늘을 엄격하게 구분했다. 그의 우주에서 두 세계는 서로 재료부터, 물리법칙까지 모든 게 다르다. 지상 세계에는 흙, 물, 공기, 불 네 가지의 기본 재료가 어우러져 있지만, 천상 세계는 그 네 가지 기본 원소를 초월하는 다섯 번째 원소로 채워져 있다. 아리스토텔레스의 스승 플라톤은 이것을 에테르ether라고 불렀다.

아리스토텔레스는 무거운 물체는 가벼운 물체보다 상대적으로 더 빠르게 아래로 떨어진다고 주장했다. 그리고 모든 물체에는 원래의 자리로 돌아가고자 하는 성질이 있다고 했다. 물체가 무거울수록 원래의 자리, 아래쪽으로 돌아가려는 성질이 강해지기 때문에 더 빠르게 떨어진다는 식이었다. 지상 세계를 구성하는 네 가지의 기본 재료들 중에서 흙이 가장 무겁다. 그래서 흙은 가장 빠르게 아래로 떨어져야 한다. 그런데 발밑에 쌓인 흙은 더 이상 아래로 가라앉지 않고 땅에 쌓여 있다. 아리스토텔레스는 그 이유가 땅이 더 이상 밑으로 내려갈 수 없는 우주의 가장 깊은 중심, 한가운데이기 때문이라고 생각했다. 그리고 이를 근거로 지구가 둥근 우주의 중심이어야 한다고 주장했다.

흔히 고대인들이 지구를 우주의 중심에 두었던 것을 단순한 종교적 편견 때문이라고 생각하지만, 알고 보면 그게 전부는 아니었다. 꽤 탄탄한 논리적 근거가 있었다. 아리스토텔레스가 이야기했던 고대의 화학적 패러다임을 근거로 지구는 우주의 중심이 되었던 것이다. 그렇기 때문에 지구를 우주의 중심에서 쫓아내는 건 단순한 문제가 아니었다. 그냥 지구 하나만 쫓아내고 끝나는 문제가 아니라, 아리스토텔레스가 켜켜이 쌓아 올린 우주관을 통째로 무너뜨려야 하는 수준의 일이었으니 말이다.

아리스토텔레스의 우주에서 지상 세계와 천상 세계는 근본적으로 다르다. 지상 세계는 에덴 동산에서 쫓겨난 인간이 사는 불완전한 세계다. 그래서 지상은 여러 산맥과 골짜기로 울퉁불퉁하고 굴곡져 있다. 반면 천상 세계는 조물주가 만든 완벽한 피조물이다. 고대의 수학자들은 원과 구가 기하학적으로 완벽한 형태라고 생각했다. 그래서 모든 천체는 완벽한 원 궤도를 따라 움직이며, 한 치의 오차 없이 완벽하고 매끈한 구의 모양을 하고 있다. 고대인에게 태양과 달은 완벽한 구였다.

그런데 갈릴레이가 아리스토텔레스의 우주에 반기를 들었다. 대학에서 공부하던 시절, 젊은 갈릴레이는 하늘에서 떨어지는 우박을 보며 의문을 품었다. 크기에 상관없이 모든 우박이 같은 속도로 떨어졌다. 그런데 분명 아리스토텔레스의 주장에 따르면 무거운 우박이 더 빠르게 떨어져야 하는게 아닌가? 그는 아리스토텔레스의 주장에도 흠이 있을 거라는 불순한 생각을 품기 시작했다.

이후 갈릴레이는 손수 만든 망원경으로 밤하늘을 바라봤다. 그의 망원경은 가장 먼저 달을 향했다. 그런데 그가 바라본 달의 풍경은 너무나 '지구적'이었다. 달의 표면은 거칠고 울퉁불퉁했다. 사방에 크레이터와 절벽이 있었다. 조물주가 만든 완벽한 피조물이라고는 볼 수 없을 정도로 불완전한 모습이었다. 갈릴레이는 어쩌면 달과 지구가 비슷할 수 있겠다는 생각을 품기 시작했다.

1610년 겨울, 갈릴레이는 목성을 관측했다. 그리고 목성 옆에서 이전까지 알려지지 않은 새로운 희미한 별을 발견했다. 처음에는 목성과 상관없는, 목성 너머에 떠 있는 배경 별 정도일 거라 생각했다. 그런데 다음날 다시 목성을 관측했을 때 이상한 일이 벌어졌다. 하루 사이에 목성은 천천히 움직여 자리를 바꾸었다. 만약 목성 옆에 보이던 별이 단순한 배경 별에 불과했다면, 살짝 이동한 목성 뒤로 어제 봤던 배경 별이 보이지 않아야 했다. 그런데 여전히 똑같은 별이 목성 옆에 나란히 모여 있었다. 마치 목성을 따라다니는 것처럼 보였다. 게다가 이 별들은 목성 곁에서 천천히 자리를 바꿨다. 수 개월 동안 목성에서 멀리 벗어나지 않은 채 계속 목성 주변을 서성였다. 갈릴레이는 이것이 목성 곁을 맴도는 목성의 위성이라는 사실을 깨달았다.

이것은 정말 놀라운 발견이었다. 지구를 중심에 두었던 고대의 우주관에서 태양과 달을 비롯한 태양계 모든 천체들은 오직 지구만을 중심에 두고 맴돌아야 한다. 그런데 갈릴레이가 발견한 희미한 별들은 확실히 지구가 아닌 목성을 중심에 두고 맴돌고 있었다. 이 하극상은 지구의 지위를 흔들었다. 이후 다양한 관측 근거가 쌓이면서, 마침내 지구는 우주의 중심에서 쫓겨났다. 수천 년 동안 굳건하게 우주의 중심에서 옥체를 보전하고 있던 지구는 하루아침에 태양 주변을 도는 세 번째 돌멩이로 좌천되어버렸다. 그런데 이것을 단순하게 지구의 지위가 무너졌다고 만은 볼 수 없다. 오히려 한낱 땅의 세계에 머물렀던 지구가 순식간에 하늘의 일부로 승격한 것이라고도 볼 수 있다. 그러니 너무 서운할 필요는 없다. 땅과 하늘은 다르지 않다. 둘 모두 불완전하며, 둘 모두 아름답다.

박쥐에게 씌워진 누명

오랫동안 구분해왔던 것을 더 이상 구분하지 않게 된 역사는 이후에도 반복되었다. 더 최근으로 오면 20세기 물리학자들 사이에서 벌어진 양자역학 혁명을 꼽을 수 있다. 오랫동안 물리학자들은 우주가 에너지를 전달하는 방식이 입자와 파동, 두 가지로 명확하게 갈라진다고 생각했다. 입자는 동시에 하나만 존재한다. 입자가 되어 에너지를 전달한다는 것은 직접 그 에너지를 머금은 입자가 움직여서 에너지를 전해준다는 뜻이다. 빠른 속도로 날아가는 야구공처럼 말이다. 하나의 야구공은 동시에 한 위치에만 존재한다. 따라서 우린 야구공이 매 순간 어디를 지나고 있는지 확실하게 이야기할 수 있다.

반면 파동은 그렇지 않다. 파동은 동시에 여러 곳에 존재한다. 목소리는 공기를 타고 사방으로 퍼져 나간다. 응어리진 채로 목구멍에서 툭 튀어나오지 않는다. 만질 수 있는 입자 같은 게 아니다. 따라서 목소리는 한 위치에만 존재하지 않는다. 내 주변에 앉아 있는 사람들이 내 목소리를 들을 수 있는 것은 목소리가 공기라는 매질을 타고 파동으로 전달되기 때문이다.

이런 상이한 성질로 인해 물리학자의 사전에서 입자와 파동은 반대되는 개념이다. 무언가가 입자라면 입자로만 존재할 수 있다. 마찬가지로 파동이라면 파동으로만 존재해야 한다. 무언가가 입자인 동시에 파동이라는 건 상상하기 어렵다. 그 말은 결국 무언가가 한 곳에만 존재하고, 또 동시에 여러 곳에도 존재한다는 이상한 말이 되기 때문이다. 그래서 오랫동안 물리학자들은 우주의 모든 것이 입자와 파동, 단 두 가지의 카테고리로 깔끔하게 구분된다고 생각했다. 하지만 20세기가 되면서 그 오랜 믿음이 무너졌다. 물리학자들은 빛이 입자와 파동 중 어느 편에 속하는지 증명하고 싶었지만, 결국 실패했다. 빛은 어떨 땐 입자처럼 행동했고, 또 어떨 때는 파동처럼 행동했다. 결국 빛은 '입자인 동시에 파동'이라는 애매한 입장에 놓이게 됐다.

심지어 지금까지 과학이 밝혀낸 바 작은 입자일 뿐이라 생각했던 전자조차 파동처럼 행동한다. 우주의 모든 것은 사실 입자인 동시에 파동이다. 원자도 마찬가지다. 그 원자가 모여 이루어진 우리도 마찬가지다. 다만 질량에 따라 성질이 달라질 뿐이다. 일반적으로 질량이 큰 스케일에서는 파동성이 너무 미미해서 잘 드러나지 않지만, 원자 수준으로 질량이 작은 미세한 스케일에서는 파동성이 뚜렷하게 드러난다. 우리는 모두 입자인 동시에 파동이다. 우주가 보여준 진실 앞에서 우리는 입자나 파동 한 쪽으로만 모든 것을 구분하려고 했던 시도가 애초에 무의미하다는 것을 받아들여야 했다.

우주는 자신이 그리 단순한 세계가 아니라는 것을 계속 보여준다. 우주는 한쪽 끝에서 다른 쪽 끝까지 모든 것이 부드럽게 이어지는 세계다. 어느 한 쪽에 치우쳐 있다고 이야기할 수 없는 수많은 모호한 존재가 함께 살아간다. 우리도 그 중 하나다. 미시세계와 거시세계가 공존하는 이 우주 속에서 우리는 그 어느 쪽에도 속하지 못한 '중간 존재'다. 우리는 애초에 태어나기를 어중간하게 태어났다.

사람들은 '어중간하다'는 말에서 부정적인 뉘앙스를 느낀다. 깔끔하지 않은, 박쥐 같은 우유부단함을 표현하는 단어로 많이 쓰인다. 많은 사람들이 'Yes 아니면 No', '모 아니면 도' 식의 명쾌한 답을 강요한다. 보기가 다섯 개도 아니고 단 두 개밖에 없는 선택을 말이다. 또 이를 통한 몇 차례의 단순한 대답을 근거로, 타인의 성향을 제단하고 평가한다. 폭력적인 카테고라이징이다. 그런 극단적인 세상에서 천문학자의 어중간함은 살아남기 어려워 보인다.

그래서 난 미시세계와 거시세계를 번갈아 사유하면서, 이런 글을 쓰면서 발버둥 친다. 세상에 문제가 단 두 가지의 답으로 귀결되지 않는다는 것을 말하고 싶기 때문이다. 우리는 '메조 코스모스'다. 원래 우린 어중간한 존재로 태어났다. 우주가 우리에게 쥐어준 이 어중간함이라는 행운을 제대로 만끽하지 못한 채, 극단적인 우주를 서로에게 강요하며 살아가는 것은 참으로 슬픈 일이다.

4장

기적에 대한 면역력

: 새로운 우주들의 대범람

"세상이 인간적일 거라 기대하는 것은
오직 우리가 인긴이기 때문이다."

_한나 아렌트 Hannah Arendt

평소 자신이 살던 바다가 너무 완벽하다고 생각하던 물고기는 어느 날 궁금해졌다. 대체 어떻게 딱 적당한 양의 바닷물이, 딱 적당한 수온으로 모여 있게 된 걸까? 물고기는 이것이 자신을 위해 펼쳐진 기적이며 그런 기적이 벌어질 수 있게 해준 어떤 거대한 힘이 바다 바깥에서 작동했을 거라 확신하기 시작했다.

우리는 '기적'이라는 단어를 자주 사용한다. 나와 너무나 잘 맞는 연인을 만났을 때, 친구들과 게임을 하다가 절묘하게 점수를 땄을 때 등 모든 순간이 우리에겐 기적이 될 수 있다. 하지만 과학은 기적이라는 단어를 선호하지 않는다. 아무런 의미 없는 단순한 우연에 과도한 의미를 부여하는 무책임한 단어일 수 있기 때문이다.

천문학자들을 오랫동안 괴롭히는 기적적 현상이 하나 있다. 우리 우주가 지나칠 정도로 완벽하고 아름답다는 점이다. 우주는 무려 생명을 탄생시키는 일도 성공했다. 심지어 그 생명을 지적 존재로 키워내기까지 했다. 우리는 바로 그 위대한 우주의 승리를 보여주는 살아 있는 증거다. 광활한 우주공간에서 아직 외계 생명을 단 하나도 찾지 못했다는 현실을 생각해보면, 생명이 탄생할 확률이 얼마나 희박한지 가늠할 수 있다. 우리 존재 자체는 그야말로 기적처럼 보인다.

만약 태양에서 지구가 조금만 더 멀리 떨어져 있었다면, 태양의 질량이 조금만 더 무거웠다면 우리는 지금처럼 아름다운 모습으로 존재할 수 없었다. 근본적인 수준으로 파고들어가면 더 많은 기적을 이야기할 수 있다. 중력의 세기를 결정하는 중력상수 G, 미시세계를 지배하는 전자와 양성자의 질량 비율 등 우주를 움직이는 다양한 물리 상수가 있다. 물리학 교과서 맨 뒷장을 빼곡하게 채우고 있는 온갖 상수들 말이다. 이 우주는 그 다양한 물리 상수가 얽히고설켜서 작동한다. 만약 그 값들 중 하나라도 조금만 달랐다면 우주는 결코 우리를 만들지 못했다.

우주를 더욱 기적의 무대로 보이게 만드는 요소 중 하나는 암흑 에너지다. 암흑 에너지는 태초부터 우주의 팽창을 주도한 미지의 에너지로, 중력의 반대 방향, 즉 우주공간을 더 부풀리는 방향으로 작동한다. 그 정체를 아직 알지 못하기 때문에 '암흑'이라고 부른다. 지금도 암흑 에너지의 위력은 거세지고 있다. 그래서 우주 팽창은 점점 빨라진다.

그런데 만약 우주의 암흑 에너지가 조금만 더 많았다면 우주는 그 어떤 별도, 행성도 만들 수 없었다. 너무 거센 팽창으로 인해 별과 행성이 뭉치기도 전에 모두 뿔뿔이 흩어졌을 테니까. 반대로 암흑 에너지가 조금만 더 적었다면, 우주는 빅뱅 이후 얼마 지나지 않아 곧바로 강한 중력으로 인해 붕괴했을 것이다. 하필이면 암흑 에너지가 딱 지금 수준으로 존재하고 있는 덕분에 우주는 무사히 생명이 존재하는 행성을 최소 하나 이상 만들 수 있었다.

이렇게 꼬리에 꼬리를 물고 따라가다 보면, 이 우주에 우리가 존재하기까지 얼마나 많은 우연이 겹쳤을지 생각할 수 있다. 우리는 원래 존재해선 안 되는 게 아니었을까 하는 의심이 들 정도다. 그런데 우린 지금 분명 그 극악의 확률을 비집고 나와 결국 존재하게 되어버렸다. 이 놀라운 사실을 대체 기적이 아닌, 어떤 단어로 표현할 수 있겠는가! 누군가 의도적으로 개입한 게 아닐까, 의심이 들 정도다. 우주가 절묘하고 아름답게 조율된 것처럼 보인다는 뜻에서 천문학자들은 이를 '미세 조정 문제'라고 부른다.

천문학자의 종교

하지만 한 발짝 물러서서 생각해보면, 미세 조정 문제는 애초에 잘못된 질문에서 시작됐을 수 있다. 다시 물고기 이야기로 돌아가보자. 물고기는 자신이 살고 있는 바다가 완벽한 기적의 세계라고 생각했다. 누군가 자신을 위해서 일부러 거대한 구덩이에 바닷물을 채워 넣은 게 아닐까 의심했다. 하지만 우리는 뒤집어 생각해야 한다. 바다가 물고기 한 마리를 위해 만들어진 게 아니다. 바다에서 물고기가 태어났을 뿐이다. 지구에는 물이 전혀 없는 메마른 곳도 존재한다. 애초에 그런 곳에서는 물고기가 태어나지 못한다. 따라서 내가 사는 곳에는 왜 이렇게 물이 부족하냐는 질문을 던질 물고기는 그곳에 존재할 수 없다. 모든 물고기의 세상은 물이 가득한 바다일 수밖에 없다. 이러한 논리는 인간에게도 적용된다.

만약 우주의 물리 상수가 지금과 달랐다면 복잡한 생명체가 태어날 수 없다. 따라서 그 우주에는 왜 우리 우주는 살짝 어긋난 물리 상수로 세팅되어 있냐는 질문을 던질 수 있는 지적 생명체도 없다. 지적 생명체의 존재 자체가 그 우주의 물리 상수가 조화롭게 잘 조율되어 있다는 사실을 입증한다. 모든 지적 생명체에게는 우주가 완벽해 보인다. 하지만 우주는 우리를 위해 존재하지 않는다. 우주는 주어진 물리법칙을 성실하게 따라오며 진화했다. 그리고 우리는 그 물리법칙이 작동하는 과정에서 튀어나온 중간 부산물이다. 우주가 우리를 의식하고 있다는 생각은 지나친 착각이다. 나는 이것을 '천문학적 나르시시즘'이라고 부른다.

아름다운 우주를 바라보며, 스스로가 기적의 산물이 아닐까 하는 거대한 착각에 빠지는 자는, 바닷속을 헤엄치며 모든 바다가 오직 자신만을 위해 탄생했다고 착각하며 살아가는 물고기와 다르지 않다. 기적을 아무것도 아닌 일로 만들어버리는 이 철학적 개념을 '인류원리anthropic principle'라고 한다. 다중우주가 존재한다면 우리는 그중 지적 생명체의 존재를 허용하는 우주에 반드시 존재한다는 원리다. 이 우주가 마땅히 생명이 탄생시킬 만했으니 우리가 탄생했다는 말이다. 매력적인 논증이지만, 사뭇 감정적으로 받아들이기 어려운 이들도 있을 것이다. 인간이 본능적으로 가질 수밖에 없는 모든 수준의 인간중심적 사고를 철저하게 거부하는 비인간적인 관점이기 때문이다.

인간은 오랫동안 '기적적 현상'을 논리적으로 설명하려 했지만 만족스러운 답은 찾지 못했다. 기적은 현재까지 인간이 쉽게 이해하지 못한 현상에 붙인 가장 시적인 변명이다. 무언가 쉽게 이해하지 못할 때, 우리는 스스로의 무지를 원망하기보다는 더 거대한 힘에 의한 기적이 있다고 생각했다. 게으름 속에서 기적이라는 단어가 만들어졌다. 이해는 귀찮은 노력을 필요로 한다. 이해의 공백을 기적으로 메우는 건 그보다 훨씬 간편하다.

사람들에게 나를 천문학자라고 소개하면, 심심치 않게 받는 질문이 있다. "신을 믿으세요?" 소신 발언을 하자면, 나는 신을 믿지 않는다. 철저한 무신론자다. 신을 믿지 않는다는 말이 신을 미워한다는 뜻은 아니다. 신에 대한 호불호 자체가 없다는 뜻이다.

나는 신이 '비과학의 끝판왕'이라고 생각한다. 여기서 주의할 것이 있다. 흔히들 비과학을 부정적인 뉘앙스로 받아들인다. 비과학과 반과학을 혼동하기 때문이다. 비과학은 'Non-science', 반과학은 'Anti-science'라고 볼 수 있다. 비과학은 관찰-가설-검증-이론화라는 일련의 과정을 통하는 과학적 연구의 대상이 될 수 없는 분야를 말한다. 과학적으로 아무런 가치 평가도 내릴 수 없다. 반면 반과학은 과학적 사실 자체를 부정하는 분야다. 지구가 평평하다는 주장이 여기에 해당한다. 신은 과학을 통한 검증 대상에 포함되지 않는다. 과학은 신의 존재도, 신의 부재도 입증하지 못한다. 아니, 애초에 관심이 없다. 과학과 신앙심은 아무런 상관이 없다. 훌륭한 천문학자인 동시에 독실한 종교인일 수도 있고, 훌륭한 천문학자인 동시에 맹렬한 무신론자일 수도 있다.

과학에도 종교적인 면이 분명 존재한다는 사실을 부정하지 않겠다. 특히 천문학자들에겐 오랜 믿음이 하나 있다. 모든 물리법칙이 우주 어디에서나 똑같이 작동할 거라는 믿음이다. 지구에서든 안드로메다은하에서든, 심지어 '관측 가능한 우주’의 끝자락에서든. 천문학자들은 이를 ‘믿음’ 대신 ‘과학적 전제’라 부른다. 더 거창하게는 우주가 누구에게나, 어디에서나 공평하다는 뜻에서 ‘코페르니쿠스의 원리’라고도 부른다. 물론 막상 안드로메다은하에 가보니까 우리가 알던 것과 전혀 다른 물리법칙이 작동할 수도 있다. 누구도 직접 가본 적이 없으니 그럴 가능성이 전혀 없다고는 말하지 못한다.

하지만 애초에 이 과학적 전제에 동의하지 않는다면, 누구도 과학을 할 수 없다. 다행히 아직까지는 이렇게 해도 큰 문제가 없었다. 그리고 아마도 이 믿음이 깨질 가능성은 그리 크지 않아 보인다. 직접 확인하지 못하는데도 편의상 받아들인다는 점에서 코페르니쿠스의 원리는 천문학자들이 사용하는 가장 종교적인 개념이다.

하지만 천문학자들의 믿음이 종교의 그것과 분명 다른 점도 있다. 천문학자들은 언제든 믿음을 버릴 준비가 되어 있다는 것이다. 언제든 믿음을 무너뜨릴 증거가 등장하면 개종할 의향이 있다. 천문학자는 독실하지 않다. 준비된 변절자다.

끝없이 탄생하는 거짓의 도피처

1920년대 초까지 인류는 우리 은하 바깥에 다른 은하가 존재할 거라 생각하지 못했다. 우리 은하가 우주의 전부라고 생각했다. 대표적으로 천문학자 할로 섀플리Harlow Shapley가 있었다. 섀플리는 우리 은하가 우주 전체라고 보았으며, 나선성운의 하나인 안드로메다은하는 우리 은하의 일부라고 믿었다. 그런데 그가 일하던 천문대의 부하 직원이었던 에드윈 허블이 돌연 안드로메다은하가 우리 은하 너머 훨씬 먼 거리에 동떨어져 있다는 사실을 발견했다. 허블은 섀플리에게 직접 편지를 보냈다. 그 편지를 받았을 때, 섀플리의 기분은 어땠을까? 내가 틀렸다고 지적하는 편지에 어떻게 반응했을까? 그대로 갈기갈기 찢어서 쓰레기통에 버렸을 수도 있다. 하지만 그는 허블의 편지를 읽고 이런 코멘트를 남겼다.

"이 편지가 나의 우주를 파괴했다."

정말 훌륭하지 않은가! 나는 이 문장이 천문학뿐 아니라, 과학, 아니, 모든 역사를 통틀어서 스스로가 틀렸다는 사실을 인정한 가장 멋진 문장이었다고 생각한다. 이 이상으로 멋진 코멘트는 감히 떠오르지 않는다. 섀플리는 훌륭한 과학자가 되기 위해 가져야 할 태도를 몸소 보여주었다. 그는 평생 우리 은하만으로 채워진 우주가 진리라고 믿고 살아왔다. 그런데 어느 날 갑자기 튀어나온 까마득한 후배 녀석이 자기 가설을 반박하는 증거를 보여주었다. 섀플리는 우주가 보여주는 진실 앞에서 겸허하게 무릎을 꿇고 패배를 인정할 줄 아는 사람이었다. 섀플리의 믿음은 맹목적이지 않았다. 이것이 바로 과학적 믿음이다.

요즘에는 우주가 하나가 아닐지 모른다는 불경한 소리가 일부 천문학자들 사이에 오간다. 그들은 우리 우주가 수많은 다중우주, 멀티버스 중 하나라고 주장한다. 애초에 우주를 뜻하는 유니버스^{universe}라는 단어는 '유일한 세계'라는 뜻을 내포하고 있다. 독보적인 공간이라는 뜻에서 'unique'와 같은 유래를 갖는 접두사 'uni'가 붙었다. 하지만 천문학의 역사 속에서 우리는 그 어떤 것도 유일하지 않다는 교훈을 배워왔다. 지구도 무수히 많은 행성 중 하나이며, 태양도 무수히 많은 별들 중 하나다. 그리고 섀플리가 인정했듯이 우리 은하도 유일하지 않다. 인류는 스스로가 특별한 기적의 산물이라고 믿고 싶었지만, 우주는 계속해서 그 기대를 무너뜨렸다. 이런 학습이 우주도 유일하지 않을 수 있겠다는 위험한 생각에 이르게 한 것 같다.

다중우주는 참 얄궂다. 솔직히 말해서, 치사하고 야비한 가설이다. 다중우주는 우리 우주 바깥에 또 다른 우주가 있다고 말한다. 그런데 우린 우리가 사는 우주만 관측할 수 있다. 다중우주는 관측 가능한 우주 경계 너머에 있다. 천문학은 관측의 과학이다. 아무리 수학적으로 완벽하고 매력적인 가설이더라도, 아무리 정황적 증거가 쏟아지더라도 직접 보기 전까지는 100퍼센트 인정하지 않는다. 이렇게 까다로운 천문학자에게 다중우주는 탄생부터 글러먹은 가설이다. 관측할 수 없는 세상 어딘가 우리가 보지는 못하지만 분명 존재하는 또 다른 세계가 있다고 이야기하기 때문이다. 정말 무책임하다. 태양과 은하수가 유일하지 않듯이, 천문학자들도 마음 한 켠에는 우주가 유일하지 않을 수 있다는 의심을 품고는 있다. 하지만 여전히 천문학자 대다수에게 다중우주 가설은 흥미로운 '수학적 오락'일 뿐이다. 빅뱅 이론과 동급의 또 다른 우주론인 양 대접하고 싶지 않은 게 솔직한 심정이다.

천문학자들이 이 허황된 개념을 진지하게 고민하는 이유는 따로 있다. 다중우주 가설이 거시세계를 설명하는 이론들과 미시세계를 지배하는 양자역학의 색다른 화해를 도모하기 때문이다. 빅뱅 이론에 따르면 태초의 우주는 원자보다 더 작은 크기에서 시작되었다. 미시세계에서는 모든 것이 혼란스럽고 불확실하다. 아무것도 없는 진공 속에서 갑자기 에너지가 튀어나오거나 사라질 수도 있다. 무책임할 정도로 모든 가능성이 열려 있다. 이 모든 과정은 철저하게 무작위한 우연에 기댄다. 심지어 우주를 통째로 만들 수 있는 빅뱅 에너지가 한꺼번에 튀어나오는 것도 불가능하지 않다. 거대한 우주도 한낱 '양자 요동quantum fluctuation'의 결과인 것이다. 양자 요동이란 아무것도 없는 진공 속에서도 에너지가 미세하게 흔들리는 현상을 말한다. 빅뱅 직후 이 보이지 않는 흔들림이 일어나면서, 에너지가 물질로 바뀌는 최초의 연금술이 시작되었다. 그 결과 우주의 첫 입자들이 태어나고 시간이 흐르며 원자가 형성되었다. 다중우주는 이 거대한 우주를 미시적인 존재로 인식한다. 미세하게 들끓는 양자 요동의 거품 속에서 무수히 많은 우주가 쉬지 않고 태어나고 사라지기를 반복한다. 우리 우주도 그런 무한한 시도 중 하나일 수 있다.

다중우주의 가능성을 시사하는 더 극단적인 해석이 있다. 1950년대 물리학자 휴 에버렛Hugh Everett은 양자역학 하면 빠지지 않는 유명한 사고실험, '슈뢰딩거의 고양이Schrödinger's cat' 실험을 새롭게 해석했다. 설명하자면, 원래 이 실험은 밀폐된 상자 안에 고양이, 방사성 물질, 계수기, 독 가스를 넣어두고, 방사성 물질이 붕괴하면 계수기가 작동하면서 독가스를 방출해 고양이가 죽도록 설정한 사고실험이다. 양자역학에 따르면 상자를 열어 관측하기 전까지는 물질의 붕괴와 비붕괴 상태가 겹쳐 있으므로, 고양이도 살아 있음과 죽어 있음이 겹친 상태로 존재한다고 가정함으로써 '관측'이란 게 무엇인지 문제를 제기한다. 기존의 양자역학적 해석은 상자 속 고양이가 살아 있을 확률과 죽어 있을 확률이 중첩되어 있다가, 상자를 열고 상태를 확인하는 순간 둘 중 한 쪽으로 확률이 붕괴한다고 말하는 것이다. 굉장히 수학적인 상상이다. 하지만 에버렛은 이러한 설명이 어색하다고 생각했다. 왜 기존의 두 가지 가능성 중 하나만 살아남아야 할까? 둘 모두 살아남을 수 있지 않을까?

에버렛의 주장에 따르면, 고양이의 상태를 확인하는 순간 우주는 두 갈래로 나뉜다. 하나의 우주에서는 고양이가 살아 있지만, 다른 우주에서는 죽어 있다. 확률이 한 쪽으로 붕괴하는 게 아니라, 두 우주가 생성되는 것이다. 이것을 '다세계 해석many-worlds interpretation'이라고 한다. 에버렛의 가설은 우주가 무한히 많은 가지로 뻗어 나가는 다중우주의 존재 가능성을 수학적으로 표현하는 데 중요한 역할을 한다. 그의 가설에 따르면, 우리 삶 속에서 일어나는 모든 선택이 계속 또 다른 현실을 만들어낸다고 볼 수 있다. 우리가 선택하지 않은 다른 길이 다른 우주 어딘가에서 펼쳐지고 있을지 모른다.

에버렛의 다세계 해석은 한때 단순한 수학적 유희로 치부되었다. 실제 우주와는 전혀 상관없는 물리학자의 몽상 같았다. 하지만 오늘날 우리가 직면한 현실을 보면, 에버렛의 과감한 가설이 점점 설득력을 얻고 있는 것 같아 불편하다. 현대사회에는 더 이상 하나의 상식이나 단일한 진리만 존재하지 않는다. 사람들은 각자 자신만의 우주를 구축하고, 스스로 믿고 싶은 대안 현실을 만든다. 중요한 사회적 결정이 합리적 과정을 거쳐 내려질 때마다, 사람들은 겸허히 받아들이기 보다는 자신이 원하는 대로 해석한 또 다른 현실을 택한다. 결정에 환호하는 이들과 절망하는 이들이 동시에 존재한다. 섀플리는 자신의 우주가 붕괴하는 절망 속에서 성숙한 태도를 보였다. 새로운 대안 우주를 만들고, 그곳으로 도망가 고집부리지 않았다. 자신의 우주가 무너지는 모습을 순순히 받아들였고, 우리의 시선이 은하수 너머 더 넓은 우주를 향하도록 허락했다.

하지만 지금의 우린 섀플리가 남긴 유산을 망각해가고 있다. 많은 사람들이 대안 현실에 숨어들어 우주가 거짓으로 오염되었다고 고집을 부린다. 새로운 선택이 발생할 때마다 새로운 다중우주가 창궐한다. 허무맹랑하게만 들렸던 에버렛의 가설이 사회적 차원에서 입증되고 있다. 매순간 현실이 여러 개의 대안 우주를 생성하며 균열을 반복한다. 우주 창조라는 장엄한 시도가 개인적인 차원에서 벌어지고 있다.

개인 창조주들은 기적을 남발한다. 그리고 무지와 무관심의 책임을 기적에 전가한다. 정치, 경제, 교육, 국제정치 등의 영역에서 자신에게만 보이는 특별한 기적이 일어났다고, 세상을 움직이는 거대하고 사악한 존재가 어둠 속에 암약하며 세상을 제멋대로 미세 조정하고 있다고 주장한다. 실권자가 보이지 않는 곳에 숨어 있으며, 그들이 온 세상에 벌어지는 일들에 사사건건 만기친람하고 있다는 주장은 정확하게 종교에 대한 맹목적 믿음과 닮았다.

요즘 세상은 태초의 우주처럼 혼란스럽다. 예측할 수 없다. 불확실성이 지배하는 세상에서 사람들은 서로를 미워하고, 갈등한다. 그리고 그 혼란이 양자 수준에서 끝없이 요동친다. 우리는 이제 무한하게 중첩된 다중우주의 혼란 한가운데 놓이게 되었다. 다중우주 창조의 기적을 쉴 새 없이 벌이는, 우리를 현혹하는 양자 요동 속에서 살아남기 위해, 기적에 대한 면역력이 필요한 때다.

5장

낭만을 강요받는 삶

: 두려움이 낳은 매력

"우리는 살아가기 위해
스스로에게 이야기를 들려준다."

_조앤 디디온 Joan Didion

2021년 12월 25일, 제임스 웹 우주망원경이 지구를 떠났다. 모든 천문학자들에게 가장 설레는 크리스마스 선물이었다. NASA의 조금 요란스러웠던 설레발 홍보 덕분이었을까? 천문학자뿐 아니라 일반 시민들도 제임스 웹의 발사에 많은 관심을 가졌다. 잠시나마 그렇게 지구의 모든 이들이 머리 위에서 무슨 일이 벌어지고 있는지 관심을 기울이는 상황이 나는 마냥 좋았다.

그런데 제임스 웹이 올라가고 얼마 지나지 않아 SNS를 떠도는 흥미로운 이야기를 발견했다. 이번에 쏘아 올린 제임스 웹은 무려 150만 킬로미터 거리까지 날아갔다. 지구에서 달까지 거리의 다섯 배에 달한다. 지금 당장은 이런 먼 거리까지 사람을 실어 보내지는 못한다. 그래서 만약 제임스 웹이 고장 나면 직접 수리할 수 없다. 지금 당장은 말이다. 하지만 언젠가 기술이 더 발전한다면 그때는 사람을 태운 우주선을 직접 보내 망원경을 수리하는 날이 올지도 모른다. 사람들은 천문학자들이 그날을 기약하며, 제임스 웹에 우주선과 도킹할 접합

부를 미리 만들어두었다고 말하고 있었다. 그리고 댓글창에는 먼 미래를 기약한 천문학자들이 너무나 낭만적이라는 반응이 가득했다. 나도 처음에는 SNS에서 이런 이야기를 접했을 때 미처 몰랐던 사실인가 했다. 하지만 이 이야기는 거짓이다. 아주 약간의 사실이 섞인, 잘 만들어진 거짓말.

나는 한 학회에서 기회가 생겨 실제 제임스 웹을 관리 감독하는 NASA 우주망원경 과학 연구소의 천문학자에게 이 이야기에 대해 물을 수 있었다. 그도 물론 이 이야기를 알고 있었고 상당히 재밌어했다. 하지만 천문학자들은 지구로부터 150만 킬로미터나 떨어진 제임스 웹까지 사람을 보낼 생각은 전혀 하지 않았다. 앞으로도 그럴 계획은 없다. 발사체 개발은 쓸데없는 것을 전부 배제하고 오로지 쓸모 있는 것만 남기는, 극단적인 가성비를 추구하는 과정이다. 제임스 웹의 궤도까지 사람을 보낼 생각이 아예 없는 천문학자들은 필요하지도 않은 도킹 접합부 따위 굳이 만들지 않았다.

나는 왜 사람들이 제임스 웹에 이런 이야기를 부여했는지 궁금했다. 그리고 문득 이런 생각이 들었다. '아, 이 세상은 천문학자들에게 낭만을 강요하는구나!' 우리는 사실 그렇게 감성적인 사람들이 아닌데. 우리도 숫자와 그래프로 우주를 인식하고 우주의 탄생과 진화를 물리학적 문법으로 이해하고자 노력하는 한낱 '이과 놈'들일 뿐인데 말이다. 왜 세상은 우리에게 낭만적인 모습을 강요하고 기대하는 걸까? 왜 사람들은 천문학자의 프로포즈 멘트를 궁금해하고 또 기대하는 걸까? 내 눈에는 천문학자들도 세상의 기대에 부응하기 위해 실제로 낭만적인 척 연기하고 있는 것 같았다.

사람들은 별과 우주에서 낭만적이고 따뜻한, 긍정적인 감상을 받는다. 하지만 별과 우주가 펼쳐진 밤하늘에는 어둠만 가득하다. 밤과 어둠은 우리 생존에 큰 위협이 된다. 어둠 속에 포식자가 숨어 있을 수도, 좁아진 시야로 인해 발을 헛디디면 큰 위험에 빠질 수도 있다. 단순히 생각하면 자연 상태에서는 '어둠을 두려워하고 도망치는 것'이 무조건 생존에 유리하다. 인간 종에게는 어둠을 싫어하는 유전자가 더 오래 남아 존속했을 확률이 높다. 불이 꺼진 깜깜한 방에서 두려움을 느끼는 것도 그런 이유일 것이다. 분명 DNA에는 어둠을 부정적으로 여기는 감각이 새겨져 있다.

하지만 아이러니하게도 우리는 밤에서 낭만을 찾는 습성을 가졌다. 밤에 사랑하고, 밤에 감상에 빠진다. 이른 새벽은 인간이 가장 센티멘털해지는 시간이다. 그런데 사실 이는 밤 때문이 아니다. 제때 잠든다면 감상에 빠질 겨를도 없다. 밤에 오래 깨어 있을 때 우리는 일종의 야간 각성 상태에 빠진다. 해가 저물고 주변이 어두워지면 몸은 멜라토닌을 분비한다. 멜라토닌은 잠을 관리하는 중요한 호르몬이다. 멜라토닌이 많이 분비

되면 행동을 통제하고 판단하는 기능이 둔해진다. 대신 감정적이고 즉각적인 편도체의 정서적 반응이 활성화된다. 자정이 다 되도록 억지로 잠에 들지 않으면 이성보다 감성에 더 치우친 각성 상태가 되는 것이다. 사소한 자극에도 정서적으로 크게 반응하게 된다. 그래서 유독 밤에 슬픔과 기쁨이 잘 느껴진다. 새벽 감성이라는 말이 괜히 있는 게 아니다. 새벽에 SNS에 접속하는 게 위험하다고 하지 않던가. 다음날 맨 정신으로 다시 읽으면 이불에 숨고 싶을 정도로 민망하고 오글거리는 '똥글'을 잔뜩 쓰는 것도 바로 이런 이유다. 밤에 쓴 글은 우리의 서정적인 면모를 담고 있다.

천문학자들도 대부분 밤에 잠들지 못한다. 천문학이 신경 써야 하는 일은 낮이 아닌 밤에 주로 벌어지기 때문이다. 정확히 말하면 우주는 낮이고 밤이고 상관없이 똑같이 흘러가지만 우주의 사연을 제대로 들을 수 있는 시간은 오직 밤뿐이다. 그래서 천문학자들의 이야기는 주로 밤과 새벽에 쓰여진다. 물론 이제 대부분 지상 망원경들이 자동화되었고, 아예 우주에 올라간 망원경으로 매일 쉬지 않고 사진을 촬영하는 덕분에 굳이 밤을 샐 이유는 없어졌다. 하지만 오랫동안 몸에 밴 습관 때문인지, 천문대에서 관측하지 않더라도 모두가 퇴근한 연구실에 홀로 별빛 아래 앉아 작업하는 경우가 많다. 결국 천문학자들이 쓴 논문과 글도 가장 감성적인 순간에 쓰여버린다. 그간 발표했던 내 논문 상당수도 밤에 작성됐다. 천문학자의 글은 사실상 새벽 감성이 가득 담긴 똥글이다. 하지만 그래서 천문학자가 유독 감성적인 자들로 인식되는 게 아닐까? 있지도 않은 이야기까지 덧씌워 기대할 정도로 말이다.

칼 세이건의 낙관

나는 1970년대가 가장 낭만주의적인 우주 사관史觀으로 논의되는 시기라고 생각한다. 그리고 그 가운데 천문학자 칼 세이건Carl Sagan이 있다. 칼 세이건을 대표하는 가장 유명한 태양계 탐사 프로젝트는 보이저Voyager 프로젝트다. 사람들은 보이저, 하면 가장 먼저 골든 레코드Golden Record를 떠올린다. 지구를 떠난 보이저 1호와 2호는 빠르게 태양계 외곽 가스 행성 곁을 스쳐 지나갔고, 결국 태양계 경계 너머의 어둠 속으로 떠났다. 만약 저 우주 어딘가 외계 문명이 살고 있다면 보이저가 그들에게 발견될 수도 있지 않을까? 그들에게 보이저를 만든 우리가 어떤 모습으로 살고 있었는지를 알려준다면 두 문명의 역사적인 조우를 꿈꿀 수 있지 않을까? 우리가 보낸 편지가 그들에게 닿았을 때 우리가 이미 사라진 이후더라도, 누군가 우리의 찬란했던 순간을 영원히 추억할 수 있다는 사실은 위로가 된다. 칼 세이건은 동료였던 외계 생명체 덕후 프랭크 드레이크Frank Drake와 함께 지구와 인류 문명을 대표하는 다양한 음악과 사진 데이터를 선별했다. 그리고 황금빛으로 코팅한 레코드 안에 인류의 추억을 담았다. 보이저와 함께 날아간 골든 레코드는 역사상 처음 태양계 바깥으로 띄워 보낸 인류의 첫 우주 데뷔 앨범인 셈이다.

골든 레코드에는 총 116장의 사진과 그림이 수록되었다. 레코드 안에 담을 수 있는 데이터의 용량 제한이 있었기 때문에, 사진 하나하나의 의미를 고려해 신중하게 선택했다. 그런데 나는 개인적으로 여기에 큰 불만을 갖고 있다. 골든 레코드의 사진들은 마치 누군가의 잘 꾸며진 인스타그램 피드를 보는 듯한 느낌을 준다. 골든 레코드에는 가장 행복한, 평화를 사랑하는 인류의 모습만 선택적으로 담겼다. 함께 둘러앉아 지구본을 손가락으로 가리키는 다양한 국적의 아이들, 피부 색이 천차만별인 인종이 한데 모인 사진, 행복한 아이와 부모의 사진, 심지어 세계 평화를 상징하는 미국 뉴욕의 UN 본부 건물은 낮에 찍은 것과 밤에 찍은 것, 두 장이나 들어가 있다. 골든 레코드는 전쟁과 혐오로 가득한 인류의 모습을 단 한 장면도 보여주지 않는다.

역사에는 평화만 기록되지 않는다. 증오와 혐오도 부정할 수 없는 역사의 한 페이지다. 인류의 역사에는 희로애락이 모두 공존한다. 만약 이 레코드의 목적이 인류의 다양한 모습을 공정하게 보여주는 것이었다면, 골든 레코드에는 우리가 서로를 미워하고 다른 이들의 목숨을 빼앗고 삶의 터전을 파괴하는 장면들도 실렸어야만 한다. 보이저가 지구를 떠났던 당시는 막 두 번의 세계대전이 끝나고, 한국전쟁, 베트남전쟁 등 굵직한 전쟁이 이어지던 시점이다. 1970년대는 냉전이 완화된 현상인 데탕트 Détente 분위기 속에서, 언제라도 제2의 냉전이 시작될지 모른다는 불안한 평화를 잠시 만끽한 시점이다. 그렇기에 그보다 20여 년 전에 전 지구적으로 벌여졌던 역사의 가장 암울한 장면을 레코드에 수록했을 법도 하다. 하지만 칼 세이건은 그런 장면을 싣지 않았다.

하늘 높이 거대한 버섯 구름을 피어 올린 핵무기의 스펙터클을 뽐내지 않은 것은 의문이다. 핵무기는 인류가 지상에서 구현한, 역대 가장 강력한 에너지를 뽐는 최강의 무기다. 만약 태양계 바깥의 누군가 지구를 멀리서 지켜보고 있다면, 그들에게는 우리의 평화로운 웃음소리보다는 핵무기가 터질 때 새어 나간 섬광과 방사능의 흔적이 훨씬 감지하기 쉬울 것이다.

그렇기에 보이저의 골든 레코드 속 사진들이 억지로 꾸며낸 인스타그램 피드처럼 느껴지는 것이다. SNS에는 가장 행복한 순간만 열거될 뿐, 나의 가족, 나의 연인이 얽힌 진정으로 슬프고 어두운 순간은 노출되지 않는다. 내 인스타그램 피드만 보면 나는 이 세상에서 그 누구보다 행복하게 사는 사람이다. 하지만 그건 내가 스스로에게 기대하고 바라는 이상향에 가깝다. 거짓이 없을 지 모르지만, 거짓으로 가득 차 있다.

왜 칼 세이건은 인류의 행복한 단편들만 골라서 골든 레코드에 담았을까? 그건 골든 레코드의 메시지를 받게 될 진짜 수신자가 외계인이 아니었기 때문이다. 천문학자들도 알고 있었을 것이다. 그 투박한 레코드가 우주 어딘가에 살고 있을지 모를 외계인에게 무사히 닿을 확률은 극히 낮다는 것을 말이다. 설령 그들의 행성에 레코드가 무사히 당도한다고 해도, 외계인 과학자들이 레코드에 새겨진 온갖 난해한 퍼즐을 우리의 의도대로 풀어서 제대로 이해한다는 보장도 없다. 외계인들의 박물관에 기록용으로 전시만 되어도 다행일 것이다.

결국 천문학자들은 골든 레코드에 '인류가 보고 싶은 인류의 모습'을 담았다. 우리는 앞으로 어떻게 살아야 하는가? 먼 미래, 인류와 지구가 사라진 이후 누군가 우리를 추억하게 된다면 과연 우리는 어떤 존재로 추억될까? 주어진 행성에서 영리하게 살아간 존재? 철없는 실수로 결국 고향을 파멸에 이르게 한 어리석은 존재? 당연히 우리 모두 후자로 기억되는 걸 원치 않을 것이다. 하지만 지금 지구에서 벌어지는 수많은 갈등과 반목을 보면, 바람이 이루어질 수 있을지 장담하기는 어려워 보인다.

적지 않은 사람들이 지구 바깥에 인류의 흔적을 남기는 것이 위험한 일일 수 있다며 불안해한다. 만약 저 우주에 우리의 바람대로 다양한 외계 문명이 가득하다면, 그 중에는 우리보다 훨씬 일찍 기계 문명의 역사를 시작하고 우리가 감히 상상할 수 없을 정도로 우리를 압도하는 수준에 도달한 존재도 있을 것이다. 그런 우월한 존재들에게는 우리가 아무런 위협이 되지 않는다. 운동장의 모래 바닥을 기어가는 개미를 보듯 우리를 바라보고 있을지 모른다. 심지어 그들 중에는 아주 호전적인 놈들이 있다면 그냥 재미 삼아 다른 별을 침공하고, 다른 행성을 파괴하는 잔인한 문명을 건설했을 것이다. 골든 레코드는 우리의 위치뿐 아니라, 우리의 발전 수준까지 적나라하게 보여주는 자기소개서나 다름없다. 게다가 앞서 말했듯 인류의 전쟁 장면은 하나도 실려 있지 않다. 외계인은 인류가 전쟁이 무엇인지조차 모르는 순진한 놈들이라고 여기며 우리를 아주 만만한 상대로 볼지도 모른다. 흥미로운 상상이다.

하지만 낭만주의자였던 칼 세이건은 이런 비판에 흥미로운 답을 내놓았다. 그는 자신들의 행성과 별을 벗어나, 우주를 자유롭게 누비는 존재는 결코 호전적일 수 없다고 말했다. 애초에 호전성이 강했다면 고향을 벗어나기도 전에 전쟁으로 파멸했으리라는 것이다. 지구까지 찾아왔다는 것 자체가 그들이 평화주의자라는 방증이다. 칼 세이건의 낙관주의가 맞다면,

다른 두 우주 문명 간의 조우는 항상 평화로워야 한다. 우주가 이렇게 광활한데 아직까지 방사성 원소가 섞인 섬광 같은 현상이 목격되지 않았다는 것이 우주에 전쟁이 보편적이지 않다는 사실의 간접적 증거일지도 모르겠다.

어쨌든 보이저, 그리고 그와 비슷한 메시지를 싣고 날아간 또 다른 탐사선 파이어니어Pioneer도 이미 태양계를 벗어나버렸다. 또 천문학자들은 이미 다양한 전파 안테나를 통해 우주의 불특정 다수를 향해 인류의 메시지를 쏘아 보낸 상태다. 한 번 뱉은 말을 주워담을 수 없듯, 이미 날아간 전파를 회수할 수는 없다. 신호는 지금도 빠르게 빛의 속도로 퍼지고 있다. 부디 우주 낙관주의자들의 낭만적인 바람이 사실이길 바랄 수밖에.

수동적인 조우

인류가 안테나를 짓고 사방의 우주공간으로 전파 신호를 쏘기 시작한 건 대략 120년 전부터다. 일제 조선에도 방문한 적 있는 이탈리아의 공학자 굴리엘모 마르코니Guglielmo Marconi는 1899년, 최초의 무선 통신에 성공했다. 도버 해협을 사이에 두고 영국과 프랑스에서 무선 통신을 시행했다. 이 당시 전파 신호는 워낙 미미해서 유의미한 수준의 신호가 지구 바깥으로 날아갔을 리도 없지만, 너그럽게 이때 날아간 전파를 지구 최초로 우주로 날아간 전파라고 가정해보자. 그러면 지금까지 지구에서 가장 멀리까지 인류의 전파가 도달한 범위는 반경 120광년이다. 이러한 범위를 라디오 버블radio bubble이라고 한다. 이 범위에 들어오는 이웃한 별에서는 지구에서 새어나오는 희미한 방송 신호를 들을 수 있을지 모른다. 치지직 거리는 우주의 잡음 속에 파묻혀 있기는 하겠지만.

현재까지 형성된 라디오 버블은, 지름 10만 광년에 달하는 우리 은하 전체의 크기에 비하면 턱없이 작다. 우리 은하 지도 위에 라디오 버블을 그리면 작은 점처럼 보인다. 태양 주변에 별의 밀도는 1세제곱 광년 부피당 0.0044개의 별이 있는 수준이다. 그래도 반경 120광년에 달하는 정도면 부피는 상당하다. 별의 밀도가 균일하다고 단순하게 가정하면, 지구 주변 라디오 버블 안에 들어오는 별의 수는 만 8,000개 정도가 된다. 생각보다 많은 수치다! 하지만 우리 태양과 비슷한 별은 매우 적다. 대부분 태양에 비해 훨씬 어둡고 가볍다. 이 중에서 태양과 유사한 별은 고작 10퍼센트, 1,800개 정도 밖에 안된다. 적지 않은 것 같지만, 이도 넉넉하게 잡은 숫자다.

거리가 멀어질수록 전파 신호는 거리 제곱에 반비례해서 빠르게 약해진다는 사실도 무시할 수 없다. 지구 바로 옆에 있는 별과, 라디오 버블 가장자리에 놓인 별에서 들을 수 있는 방송 신호의 퀄리티는 차원이 다를 것이다. 결국 라디오 버블에 들어오는 별들 중 실제로 지구의 전파 신호를 포착하고 그것에 관심을 가질 수 있을 정도의 기술 문명은 매우 적을 것이다. 우리는 아직 그 누구에게도 유의미한 수준의 존재 신호를 보내지 못했을 확률이 크다. 충분히 강한 신호를 멀리 보낼 수 없기에 우리가 아직 은하계의 은둔자로 살고 있는지도 모른다.

많은 SF 작품이 인류가 훨씬 발달한 고등 외계 문명에게 발견당하는 상황을 그리곤 한다. 인류 역사에도 상대적으로 원시적인 문명이 더 발전한 문명의 방문자에게 발견된 경우가 빈번했다. 그래서 많은 작품들이 우주를 배경으로도 비슷한 상상을 하는 듯하다. 그러면 우리가 '더 발전된 놈'들에 의해 발견되는 것도 이상하지 않다. 하지만 한 행성에서의 두 문명의 조우와 우주에서의 두 문명의 조우는 다른 양상으로 벌어질 가능성이 크다.

행성 안에서 대륙과 바다를 가로지르는 일 정도는 비교적 간단하다. 이동 수단을 갖춘 문명이 직접 돌아다니면서 아직 자신들의 터전을 벗어나지 못한, 상대적으로 원시적인 문명을 발견하는 '능동적인 조우'가 가능하다. 하지만 우주는 차원이 다르다. 빛의 속도를 넘어 수백 광년 거리에 놓인 별까지 날아가야 한다. 폭풍우를 견디며 바다를 항해하는 것이 단순한 끈기의 문제라면, 시공간을 가로지르는 건 애초에 넘을 수 없는 물리법칙의 문제다. 정말 똑똑하고 잘난 외계 문명이라면 물리법칙까지 거스를 수 있지 않겠냐고 할 수도 있겠지만, 그 정도 수준에 이르기까지는 억겁의 시간이 필요할 수도 있다.

이러한 관점에서 보면 서로 다른 외계 문명 간의 조우는 직접 돌아다니는 주체가 능동적으로 상대방을 먼저 발견하는 방식으로 벌어지지 않을 가능성이 높다. 대신 멀리서 날아온 고등한 문명의 전파 신호를 포착하는 '수동적인 조우'가 빈번할 수 있다. 고등한 문명이라면 의도치 않게 자신들의 전파를 먼 거리까지 퍼뜨렸을 것이다. 그들의 라디오 버블은 넓고 그 안에 들어오는 별의 수도 많다. 반면 아직 발전이 더딘 문명은 전파 신호를 송출한 역사가 짧은 탓에 라디오 버블의 범위도 좁다. 그 안에 들어오는 별의 수도 훨씬 적다. 결국 우주에서는 아이러니하게도, 더 발전된 문명이 발각당하기 쉽다. 발전이 더딘 쪽은 우주에 흔적을 남기지 못했기에 쉽게 들키지 않는다. 우주적 규모 앞에서 두 문명의 운명은 지구의 역사와 정반대가 된다.

상상은 다음 질문으로 이어진다. 만약 우리가 열심히 우주를 탐색한 끝에 결국 외계 문명의 신호를 발견하게 된다면 그것은 높은 확률로 우리보다 기술을 발전시킨 고등한 문명에서 날아온 신호일 것이다. 오래전부터 전파를 날려보낸 덕분에 라디오 버블의 범위가 넓고, 그 안에 마침 지구가 있어서 우리가 그들의 신호를 포착했을 테니 말이다. 그렇게 하나둘, 우주 곳곳에 있는 다양한 외계 문명의 신호를 만나게 된다. 처음에는 설레겠지만, 점차 그 설렘은 두려움으로 바뀌기 시작할 것이다. 그 문명들은 전부 우리를 한참 앞서는, 더 진보한 문명일 테니까 말이다. 그리고 우리가 우주에서 가장 뒤쳐진 문명일지 모른다는 상대적 박탈감에 사로잡히게 될 것이다. 인스타그램에 나보다 훨씬 잘나고 행복한 사람들밖에 없는 것 같다는 착각에 빠져 우울함에 허덕이게 되는 것처럼 말이다.

분명 우리에 한참 못 미치는 문명도 어딘가 있을 것이다. 어떤 곳에선 석기시대가 막 태동하고 있을 수도 있다. 하지만 그런 곳은 보이지 않는다. 관측 가능한 그 어떤 형태의 흔적도 우주에 남기지 못한다. 이는 우주의 풍경에 대한 심각한 편견과 극복할 수 없는 두려움을 야기한다. 더는 우주 탐사를 해서는 안 된다는 진지한 자성의 목소리까지 나올지 모른다. 우리를 한참 앞선 그들에게 우리의 존재를 알리고, 우리가 얼마나 만만한 문명인지를 노출시키는 꼴이 될 수 있기 때문이다. 이제라도 쥐 죽은 듯 조용히 살아가는 것이 인류의 존속을 위한 영리한 선택이라는 사회적 합의에 이르게 될지 모를 일이다.

정말로 그런 일이 벌어진다면 우린 더 이상 밤하늘을 바라보며 낭만주의에 빠지지 않게 될 것이다. 하지만 밤하늘에서 오로지 두려움만 느끼게 된다면 그것도 참 슬픈 일이지 않은

가? 우리가 아직 밤하늘에서 낭만을 느끼고, 천문학자들이 모두 낭만주의자라는 착각을 하는 건 우리가 우주를 잘 모르는 덕분이다. 모든 걸 속속들이 아는 대상에게 매력을 느끼기는 힘든 법이니까.

6장

죽음을 추억하는 시간

: 천문학자의 미덕은 무엇인가

"우리가 바라보는 것에는
더 이상 볼 수 없는 것들이 함께 타오른다."

_폴 발레리 Paul Valery

바닷가에서 작은 유리병을 하나 줍는다. 얼핏 쓰레기인 줄 알았지만, 안에 작은 편지가 들었다. 편지를 빼내 읽어본다. 안타까운 사연이 적혀 있다. 로빈슨 크루소처럼 무인도에 갇힌 자다. 구원의 손길을 바라는 마음을 구구절절 담아 띄운 편지가 바닷물을 타고 흘러온 것이다. 당신이 그 편지를 오늘 주웠더라도, 실제로 그 편지가 쓰인 시점은 오늘이 아니라 먼 과거의 것이다. 지금은 사라지고 없는 누군가일지 모른다. 바닷물이 흐르는 속도는 유한하다. 무인도에서 띄운 유리병이 순식간에 육지에 도달할 수는 없다. 그러니 바닷가에서 어떤 유리병을 줍더라도 우린 항상 지금보다 오래전, 과거의 이야기와 만날 수밖에 없다.

이것은 우리가 밤하늘을 볼 때와 같다. 고개를 들면 수많은 별빛이 우리 눈동자로 쏟아진다. 우리는 항상 같은 순간, 동시에 벌어지는 사건만 본다고 생각한다. 하지만 절대 그럴 수 없다. 바닷물이 흐르는 것과 마찬가지로 빛이 날아오는 속도도 무한히 빠르지 않기 때문이다. 빛은 물론 굉장히 빠르게, 초속

30만 킬로미터로 질주한다. 하지만 분명한 건 빛의 속도도 유한하다는 것이다. 빛의 속도는 우주에 걸린 일종의 제한속도다. 그 무엇도 이를 넘지 못한다. 빛 자신조차 말이다.

빛이 아무리 빠르다 한들 우주가 워낙 넓다 보니 빛의 속도로 우주를 가로지르기 위해서는 긴 세월이 걸린다. 빛이 우주를 여행하려면, 수백, 수천, 수억 년의 시간이 걸린다. 우리의 눈동자에 닿은 별빛은 수백, 수천, 수억 년의 모습을 간직하고 있다. 우리가 바닷가에서 어떤 유리병을 줍든지 과거의 이야기를 읽을 수밖에 없는 것처럼, 우리가 고개를 들어 하늘을 볼 때 우린 항상 우주의 과거를 볼 수밖에 없다. 태양도 빛의 속도로 약 8분을 날아가야 하는 거리에 있다. 우리는 매순간 8분 전의 태양을 본다. 매일 아침 우리는 8분 전의 태양빛에 잠 깬다. 그런데 수백 광년 동안 그 누구의 눈동자에도 닿지 못한 별빛은 그 사실을 얼마나 서운해할지 생각해보라. 나는 가끔 별빛의 서운함을 생각해본다.

빛의 속도로 1년을 가야 닿을 수 있는 먼 거리를 1광년이라고 한다. 천문학자들은 너무 익숙한 덕분에 무심하게 사용하는 단위다. 그런데 생각해보면 1광년은 정말 대책 없이 먼 거리다. 우리에게 익숙한 킬로미터 단위로 환산하면 무려 9조 4,607억 킬로미터에 달한다. 우주의 구성원들은 서로의 잔상 속에서 존재한다. 그 무엇도 같은 순간에 존재하지 못한다.

나의 빛은 사라지지 않는다

빛의 시차를 인식하는 천문학자로서 한 가지 특별한 제안을 해본다. 많은 이들이 생일날 밤하늘에서 자신의 생일 별자리를 찾는다. 하지만 그건 의미가 없다. 황도 12궁에 근거한 생일 별자리는 출생 시각에 태양이 점하고 있던 방향에 따라 결정된다. 즉 해가 진 생일날 밤에 볼 수 있는 별자리는 내 생일 별자리의 대척 방향 별자리다. 그래서 정말 생일 별자리를 보고 싶다면 밤이 아니라 낮에 하늘을 올려다봐야 한다. 생일 별자리는 눈부시게 빛나는 태양 뒤에 숨어 있다.

천문학적으로 아무 의미도 없는 생일 별자리를 찾는 대신, 더 특별한 방식으로 생일을 기념하기를 제안한다. 매년 생일마다 나이에 해당하는 광년 거리에 떨어진 별을 찾아보는 것이다. 예를 들어, 올해 내 나이가 33세라면 생일날 33광년 거리에 떨어진 별을 찾는다. 만약 그곳에 누군가 살고 있고, 지구를 지켜보고 있다면 그들은 이제 막 지구에 내가 태어난 순간을 목격했을지 모른다.

1년이 지나고, 서른네 번째 생일을 맞이하면 이번엔 34광년 거리의 별을 찾는다. 1년 사이에 나의 존재를 알아봐줄 우주까지의 거리가 무려 1광년, 9조 4607억 킬로미터나 늘어났다는 사실을 만끽하는 것이다. 나의 흔적이 빛의 속도로 사방으로 퍼져나간다. 매순간 나의 '관측 가능한 우주'가 넓어진다. 지구에서 나는 매년 나이를 먹고 늙어가겠지만, 우주의 누군가에겐 갓난아기의 모습으로 보일 것이다. 지나간 나의 유년기를 생생하게 목격할 것이다. 심지어 내가 지구에서 사라진 뒤에도 나의 빛은 끝없이 먼 우주로 나아갈 것이다. 비록 나는 사라지지만 나의 빛은 영원히 사라지지 않는다.

다만 4세를 넘기지 않은 어린아이에겐 '나이 광년' 거리에 놓인 별을 찾아보라고 말하기 어렵다. 애석하게도 태양계 바깥 가장 가까운 별까지 거리가 4.2광년이기 때문이다. 나의 흔적이 빛의 속도로 4년을 날아가는 내내 이웃 별을 단 하나도 만나지 못한다는 뜻이다. 그 정도로 우주는 비어 있다. 4광년이 살짝 넘는 거리를 날아가야, 우리는 바로 옆집에 있는 첫 번째 이웃 별을 만날 수 있다.

누군가의 과거를, 오래전에 사라진 이들의 흔적을 잊지 않고 추억하는 것이 천문학자가 하는 일이다. 천문학자들은 오래전 사라진, 그리고 오래전 늙어버린 모든 존재의 가장 아름답고 찬란했던 순간의 빛을 주워 담는다. 오래전 먼지가 되어 사라진 별도 누군가에겐 아직 찬란하게 빛나는 별일 수 있다.

1995년 4월 1일 만우절에 허블 우주망원경은 거짓말처럼 믿기 어려운 풍경을 촬영했다. 허블의 시선은 뱀 자리 방향으로 약 7,000광년 거리에 놓인 거대한 독수리 성운을 향했다.

그곳에는 거대한 먼지 기둥 세 개가 솟아 있다. 끝이 살짝 휘어진 채 두툼하게 서 있는 그 모습은 마치 조물주가 손가락을 치켜올린 듯한 묘한 형상이다. 먼지 기둥이 높은 밀도로 반죽되면서 한창 새로운 별이 탄생하고 있다. 그래서 이를 '창조의 기둥Pillars of Creation'이라는 멋진 이름으로 부른다. 두꺼운 먼지 구름 안에서 태어나는 어린 별들의 밝은 빛이 먼지 구름을 뚫고 살며시 새어 나오는 모습도 볼 수 있다.

그런데 일부 천문학자들은 이곳이 이미 오래전 사라졌을 거라 말한다. 창조의 기둥은 엄밀하게 말하면, 기둥보다는 앙상한 가지라고 보는 것이 타당하다. 이곳은 먼지가 차곡차곡 모여서 기둥이 세워진 게 아니다. 바로 옆에서 강력한 초신성 폭발이 벌어진 바람에 먼지 구름이 모두 날아갔지만, 그나마 밀도가 높아 미처 날아가지 않은 일부가 아직 무너지지 않고 남은 현장이다. 강한 바람에 풍성했던 나뭇잎이 모두 떨어져 나가고 앙상한 나뭇가지만 남은 것이다.

창조의 기둥에서 뿜어내는 적외선을 관측하면, 이 먼지 기둥이 얼마나 미지근하게 달궈져 있는지 알 수 있다. 이를 통해 먼지 구름이 달궈진 시점, 또 초신성 폭발이 먼지 구름을 날려버린 시점을 유추할 수 있다. 일부 관측에 따르면 앙상한 창조의 기둥을 남긴 초신성 폭발은 지금으로부터 6,000년 전에 있었다. 그로 인해 거대하고 둥근 독수리 성운과, 가장자리 한 켠에 창조의 기둥 일부가 남게 되었다.

지구부터 기둥까지의 거리는 약 7,000광년이다. 따라서 우리는 매순간 지금이 아닌, 7,000년 전의 모습을 본다. 그런데 이미 6,000년 전에 이 현장은 파괴됐을지 모른다. 우주에서 가장 아름다운 먼지 기둥을 직접 보고자 현장으로 순간이동한다면 아무것도 없을 수 있다. 우주의 광막한 스케일을 느끼게 해주는 매력적이고 슬픈 이야기다.

고개를 들면 눈동자로 다양한 거리에서 출발한 별빛이 쏟아진다. 1년 전, 10년 전, 100년 전, 나와 지구가 존재하지도 않던 100억 년 전의 빛이 한꺼번에 나를 비춘다. 우리는 다양한 순간의 과거가 중첩된 하늘 아래 살아간다. 천문학자는 계속해서 먼 우주를 갈망한다. 계속 우주의 과거를 파고들다보면, 138억 년 전 우주가 처음 태어나던 순간의 빛을 볼 수 있으리라 기대하기 때문이다. 천문학자에게 거리는 곧 시간이다. 먼 곳을 바라본다는 건 그만큼 더 먼 옛날, 과거의 모습을 본다는 뜻이다. 천문학자들은 먼 우주로 시간을 거슬러가는 여정을 룩백타임lookback time이라고 부른다. 그들은 빛으로 거슬러 갈 수 있는 가장 먼 우주의 바닷가에서 138억년이 묵은 낡은 유리병을 하나 발견할 것이다. 그 안에는 이런 문장이 적힌 편지가 있다. "태초에 한 점에서 모든 게 시작되었다."

가장 뜨거운 슬픔의 치료제

천문학자는 사라져가는 것을 잊지 않는다. 천문학이 직접 볼 수 있는 우주는 과거뿐이어서 과거에 주의를 기울일 수밖에 없다. 추억하기는 '천문학의 미덕'이다. 그래서일까? 유독 많은 이들이 밤하늘에 애틋함을 느낀다. 흔히 사람들은 사랑하는 연인, 가족, 친구가 세상을 떠나면 그 영혼이 밤하늘의 별이 되었을 거라 위로한다. 인류학자들의 추정에 따르면 약 5만 년 전 호모 사피엔스가 출현해 두 발로 걷기 시작한 이래로 지금까지 누적 1,080억 명이 넘는 인구가 살다 갔다고 한다. 흥미롭게도 은하수를 채우고 있는 별의 개수가 딱 1,000억 개를 조금 넘는다. 마침 지구에 살다가 떠난 영혼의 수만큼의 별이 우리 은하를 채우고 있는 셈이다.

물론 절묘한 우연이다. 우리 은하의 별들은 100억 년의 긴 천문학적인 세월 동안 쌓인 결과다. 호모 사피엔스의 역사는 그에 비해 한참 짧다. 불과 수만 년에 불과하지만 빠르게 인구가 증가하면서 별의 개수를 따라잡았다. 아마 지금 속도라면 결국 미래에는 이 푸른 행성에서 살다 간 영혼의 수가 은하수의 별의 개수를 압도하게 될 것이다. 안타깝게도 은하수에서 새로운 별이 태어나는 속도, 별 탄생률은 우리 곁을 떠나는 사랑하는 이들을 모두 추억하기에는 턱없이 저조하다.

추억하기를 미덕으로 섬기는 천문학자로서 적응하기 어려운 말이 있다. 많은 이들이 목숨을 잃는 일이 생길 때 듣게 되는, "슬픔을 강요하지 말라."는 말이다. 슬픔은 우주에서 느낄 수 있는 가장 밑바닥의 감정이다. 슬플 때 심장이 주저앉는 것은 슬픔에 중력이 작용하기 때문일지 모르겠다. 그런데 요즘은 슬픔을 느낄 때조차 남의 눈치를 봐야 한다. 내가 느낀 불가항력적인 슬픔을 표현하면, 시비를 걸고 자신에게 슬픔을 옮기지 말라고 비난한다. 생각해보면 슬픔을 강요한다는 표현은 부자연스럽다. 사라진 이들을 추억하고 그들의 빈자리를 애도하는 것은 인간에게 주어진 자연스러운 일이다.

1986년 1월 28일, 챌린저 우주왕복선Space Shuttle Challenger이 발사대를 떠난 뒤 겨우 73초 만에 하늘에서 폭발하는 끔찍한 일이 벌어졌다. 이 사고로 승무원 일곱 명이 모두 목숨을 잃었다. 생명에는 경중이 없지만, 대중들은 특히 민간인 교사 출신 크리스타 매콜리프Christa Mcauliffe의 죽음에 큰 충격을 받았다. 그녀는 우주왕복선 탐사에 참여한 최초의 민간인으로서 상징적인 인물이었다. 우주정거장에서 직접 학생들에게 원격 수업도 할 계획이었다. '모두를 위한 열린 우주'라는 새로운 시대를 보여주고자 했던 그녀의 꿈은 비극으로 끝나고 말았다.

앞서 1969년 아폴로Apollo 11호의 달 착륙 미션의 대성공 이후, 미국 정부와 대중은 NASA에 대한 관심이 크게 줄었다.

NASA는 이전에 비해 대폭 줄어든 예산과 지원 때문에 고민했다. 다시 정치권과 대중의 관심을 불러일으킬 만한 퍼포먼스가 더 많이 필요하다고 생각했다. NASA는 점점 더 빠르게, 더 싸게, 더 효율적으로 새로운 우주 프로그램을 밀어붙였다. 협력 업체를 선정하고, 우주선을 설계하는 과정에서까지 안전보다는 가성비가 더 우선시되었다. 작업의 프로토콜도 간소화되었다. 이는 결국 참사의 씨앗이 되었다.

챌린저의 승무원들이 희생된 직후, NASA는 어쩔 수 없는 불가항력으로 인한 사고였다고 변명했다. 하지만 조사가 이뤄지면서 충분히 막을 수 있는 사고였다는 사실이 속속 드러나기 시작했다. 챌린저 우주왕복선 참사의 가장 직접적인 원인은 고체 로켓 부스터를 감싸고 있던 고무 O링의 결함이었다. 고무 O링은 발사 당일 추운 날씨 속에서 탄성을 잃어 부스터를 제대로 밀봉하지 못했다. 발사 전부터 고온의 가스가 누출되고 있었고, 발사 직후 폭발로 이어졌다.

사실 이 문제는 일찍이 여러 엔지니어들에 의해 지적을 받았다. 그들은 오래전부터 온도가 빠르게 낮아지는 환경에서는 O링의 성능에 큰 문제가 생길 수 있다고 경고했고, 발사 일정을 늦추더라도 다시 점검하고 보완해야 한다고 이야기했다. 하지만 NASA의 수뇌부는 경고를 무시하며 발사를 강행했다. '더 빠르고, 더 싸게'라는 목표에 눈이 먼 대가는 참혹했다.

이 사고의 진상을 밝히기 위해 구성된 로저스 위원회Rogers Commission는 과학적 진실과 조직적 문제를 투명하게 규명하고자 노력했다. 위원회에 참여한 노벨상 수상 물리학자 리처드 파인만이 큰 역할을 했다. 그는 생중계 방송에서 간단한 시연을 통해 문제의 본질을 명확하게 보여주었다.

파인만은 얼음물 한 잔을 부탁했다. 그러고 컵에 담긴 얼음물이 발사 당일 날씨만큼 차가워지기를 기다렸다. 그는 얼음물 속에 고무 O링을 담갔다 꺼냈다. O링은 빠르게 탄성을 잃고 굳었다. 파인만은 누구나 쉽게 이해할 수 있는 간단한 실험을 통해, 보고서에 적혀 있는 전문가들의 복잡한 기술 용어가 절대 참사의 원인을 감출 수 없다는 점을 보여주었다. 그의 결론은 단호했다. 자연은 속일 수 없다는 것이다.

이 끔찍한 참사 이후, NASA는 오랫동안 쌓여 있던 내부의 고질적이고 폐쇄적인 문화를 돌아봤다. 안전보다 효율을 더 우선시했던 지난날의 의사 결정을 반성했다. 탄성을 잃어버린 고무 O링 역시 참사의 원인이 아닌 결과 중 하나일 뿐이었다. 참사의 본질적인 원인은 기술적인 오류를 넘어선, 인간의 오만하고 게으른 선택, 그리고 올바른 피드백이 반영되지 못하는 조직의 문제에 있었다.

슬프게도 인간의 뇌는 훌륭한 기억 저장 장치가 아니다. 시간이 지나면 고통스러운 기억을 망각한다. 이것은 우리의 뇌가 불필요한 에너지 낭비를 최소화하고 생존 가능성을 높이기 위해 고안한 생존 전략일 수도 있다. 하지만 진실된 추모는 이러한 망각의 유혹에 저항하는 데서 시작된다. 그리고 우리는 사라진 별빛을 끝까지 잊지 않으려 노력하는 천문학자의 습성에서 중요한 교훈을 얻을 수 있다. 참사를 기억하는 일은 단순히 슬픔을 되새김질하는 게 아니다. 객관적이고 철저한 조사를 통해 비극을 반복하지 않겠다는 다짐이 있어야 한다. 가장 뜨겁고 감정적인 슬픔의 치료제는 가장 차갑고 냉정한 '과학적 사실'과 '대책'이다.

참사가 발생하면 많은 경우 재발 방지와 대책 마련을 후순위로 미루려 한다. 수습과 책임자 처벌 등 지난한 형식적 절차가 모두 끝나고, 감정이 최대한 해소되고 나서야 뒤늦은 대책을 논의한다. 하지만 이건 큰 착각이다. 재발을 방지하고 대책을 마련하는 것이야말로 가장 우선시해야 하는 진정한 위로이자 반성이다.

참사 대부분은 단순한 기술적 실패가 아니라 안전을 무시한 판단에서 비롯된 비극이다. 이를 복기하지 않고 자꾸 잊으려고만 한다면 우리는 언제든 똑같은 실수를 반복하게 될 것이다. 그것이 두 번째, 세 번째 반복인지도 모른 채로 말이다. 잊지 않겠다는 다짐은 가장 진실된 위로이자, 뜨거운 슬픔에 우주가 전하는 가장 차가운 대답이다. NASA는 매년 1월, 기억의 날Memorial Day을 통해 그동안의 우주 프로그램으로 희생된 이들을 잊지 않기 위해 노력하고 있다.

7장

바닥난 초신성의 유훈

: 인간 이후의 우주는 무엇으로 채워질까

"모든 꽃을 베어낼 수는 있지만,
봄이 오는 것을 막을 수는 없다."

_파블로 네루다 Pablo Neruda

고등학교 시절 내내 푹 빠져 있던 게임이 하나 있다. '스포어' 라는 게임이다. 이 게임을 만든 개발자 윌 라이트Will Wright가 2007년에 바로 이 게임의 개발에 대한 이야기로 TED 강연 무대에 선 적이 있는데, 그 영상을 보고 알게 됐다. '스포어'를 개발한 게임사 '맥시스Maxis'는 '심시티SimCity', '심즈The Sims'로 더 잘 알려져 있다. '심시티', '심즈'가 단순히 한 개인의 삶이나 도시를 가상 세계에 시뮬레이션하는 수준이라면, '스포어'는 훨씬 특별하다. 아예 태초의 생명부터 시작해 우주 문명까지, 우주의 모든 빅히스토리를 통째로 시뮬레이션하는 게임이기 때문이다. 유명 시뮬레이션 게임인 '심시티', '심즈'에 비해 덜 알려져 있지만, 매니아 층이 매우 두터운 역작이다.

'스포어'의 플레이어는 원시 바다에서 단세포 생명체로 게임을 시작한다. 이를 크리처creature라고 부른다. 맨 처음에는 주변의 덩치 큰 천적에게 잡아먹히지 않으려고 도망 다니기 바쁘다. 기껏해야 물속을 떠다니는 작은 세포 조각을 잡아먹는다. 그렇게 조금씩 덩치를 키우다보면, 어느새 원시 바다에서 가장 강력한 종으로 성장한다. 진화하는 동안에는 진화 포인트를 얻는다. 그리고 어느 정도 점수가 쌓이면, 팔, 다리, 눈과 촉수 등 다양한 신체 기관을 만들어서 육상으로 올라올 수 있게 된다. 이후 내가 직접 만든 크리처는 무리를 지어 돌아다니기 시작하고, 다른 크리처 무리를 만나기도 한다. 그러면 공격할 수도 있고, 노래를 불러서 매력을 어필할 수도 있다. 또 진화 포인트를 어느 정도 얻고 나면 도시를 만들고 행성을 점령하고, 심지어 우주로 나아가 다른 별의 문명과 교류하기에 이른다. 방대한 이야기를 담고 있는 작품이다.

그런데 이 게임에는 치명적인 단점이 있다. 마지막 우주 문명 단계에 도달하고 나면 게임의 재미가 뚝 떨어진다는 점이다. 우주 문명 단계 이후로 전개가 더 달라질 게 없다. 그래서 그저 은하계 구석구석 행성을 찾아 돌아다니면서, 했던 걸 또 하고 또 하며 비슷한 플레이를 반복한다. 플레이어는 금방 질려버리고 게임을 끄게 된다.

개발자의 탓은 아니다. 우주의 역사가 실제로 그렇게 흘러왔다. 인류는 최근에 지구를 벗어나 우주를 누비는 문명의 꿈을 꾸기 시작했다. 그리고 이후의 역사는 아직 아무도 경험하지 못했다. 지금으로선 우리가 우주 문명에 이르고 나서 어떤 경험을 하게 될지 감히 상상하기 어렵다. 나의 학창시절을 잡아먹었던 '스포어'가 우주 문명 이후로 나아가지 못한 건, 그

먼 미래가 지금 인류의 상상력을 초월하는 너무 막연한 이야
기이기 때문이다.

하지만 나는 플레이를 멈춘 '스포어'의 세이브 파일을 보며
마음 한 구석의 답답함을 지울 수 없었다. 분명 미래에도 인류
는 지구, 또는 지구 바깥 어딘가에 살고 있을 것이다. 심지어
우리가 사라지고, 지구와 태양계가 사라진 이후에도 우주는
무심하게 계속 존재할 것이다. 미래의 우주는 어떤 풍경일까?
게임으로도 구현할 수 없는 그 막연한 미래가 너무 궁금하다.

인간이 매연이라면

헤아릴 수 없이 시간이 흘러 오늘날 존재하는 모든 것들이 사
라진 우주에는 또 어떤 새로운 것이 생겨날까? 대체 누가, 아
니, 무엇이 그 우주를 채우고 있을까? 138억 년 전 빅뱅으로
시작한 우주의 빅히스토리를 보면 시기마다 우주를 주도한 주
인공을 정의할 수 있다. 빅뱅 직후 태초의 우주는 극도로 뜨거
운 온도 속에서 원시 입자가 들끓고 있었다. 아직 이렇다 할 원
자 하나조차 존재하지 않았다. 따라서 이 시기는 양자 요동의
시대, 또는 원시 입자의 시대 정도로 부를 수 있다. 그리고 실
제 시간으로 약 3분이 지난 뒤, 우주는 빠르게 팽창하면서 열

기가 식었고 그 속에서 태초의 원자가 만들어졌다. 이 시기는 원자의 시대라고 볼 수 있다.

이후 시간이 흐르면서 중력이 작용해 물질이 모이고 태초의 별이 만들어졌다. 캄캄했던 우주가 처음으로 반짝이기 시작했다. 이제는 별의 시대라고 부를 수 있다. 이윽고 별이 남긴 다양한 별 먼지가 반죽되어 지구, 그리고 그 위에 사는 생명체가 탄생했다. 이제 우주는 생명의 시대를 누리게 되었다. 물론 이 표현에는 우주 곳곳에 우리와 같은 생명체가 수없이 살고 있기를 바라는 기대가 반영되어 있다. 그렇다면 자연스럽게 다음 질문이 따라온다. 입자의 시대, 별의 시대, 그리고 생명의 시대를 이어서 다음의 우주를 이끌게 될 주인공은 무엇일까? 이후의 우주는 무엇의 시대를 맞이할까? 난 도무지 모르겠다.

우주의 역사는 138억 년 전에 시작되었다. 지나칠 정도로 긴 시간이다. 그래서 그 광막함이 잘 느껴지지 않을 정도다. 천문학자 칼 세이건은 《에덴의 용》에서 우주의 빅히스토리를 직관적으로 묘사하는 매력적인 아이디어를 소개했다. 그는 138억 년이라는 우주 전체의 시간을 효과적으로 인식할 방법을 고안했다. 그 전체를 1년짜리 달력으로 줄이는 것이다. 이 것을 우주 달력이라고 한다. 우주 달력에서 1월 1일 0시에, 빅뱅과 함께 우주가 시작된다고 해보자. 우리가 존재하는 현재 시점은 12월 31일 밤 자정으로 한다. 이제 우리가 추억할 만한 우주의 빅 이벤트가 대략 몇 월 며칠 정도에 발생했는지를 보면 쉽게 우주적 시간을 감각할 수 있다. 우주 달력에서 한 달은 실제 시간으로 대략 11억 년, 우주 달력에서 하루는 실제 시간으로 대략 3,800만 년 정도 된다.

1월 말에는 최초의 원시 은하가 탄생한다. 3월 중순, 새 학기가 시작될 무렵에는 우리 은하가 우주에 데뷔한다. 우리 은하는 3월 봄에 태어났다. 이후 오랜 여름이 지나 9월이 시작되면 우리 태양이 밝게 빛을 내기 시작했다. 태양은 이 가을 내내 무르익는 과일이다. 9월 말, 지구에서 최초의 생명이 탄생했고, 12월 20일이 될 때까지 모든 생명은 바닷속에 잠겨 있었다. 12월 20일을 넘겨야 최초로 식물이 바다 위로 올라온다. 12월 25일, 지구에서는 크리스마스 선물로 공룡이 태어난다. 인류는 12월 30일이 되어서야 등장한다. 인류가 지구 위에서 농사를 지은 것은 우주 달력에서 12월 31일 자정이 되기 직전 마지막 1분에 벌어진 일이다.

우주 달력은 우주의 역사를 한눈에 간명화할 뿐 아니라, 그 기나긴 우주의 역사에 비해 우리가 얼마나 짧은 찰나의 순간을 사는 존재인지를 새삼 깨닫게 한다. 우주의 전체 역사에서 봤을 때, 우리는 잠시 존재하다가 곧 사라질 존재다. 칼 세이건이 우주 달력이라는 개념을 도입한 이후 지금까지 시계의 초침은 단 한 칸도 움직이지 않았다. 우주 달력은 우주공간의 규모뿐 아니라 시간의 규모 또한 얼마나 거대하고 광막한지 체감할 수 있게 해준다. 우리에게 '경이로움'과 '무력감'이라는 두 가지의 다른 감정을 선사하는 매력적인 아이디어다.

그런데 우주 달력을 따라가다 보면 빠지기 쉬운 착각이 있다. 우주가 목적성을 가지고 진화해왔다고 여기는 것이다. 이 달력은 빅뱅에서 출발해 별과 은하가 만들어지고 태양과 지구가 등장한 장구한 우주의 시간이 인류의 탄생과 번영을 향해 달려온 듯한 인상을 준다. 인류가 우주의 빅히스토리, 모든 진화의 최종 목적점처럼 보이는 것이다. 하지만 전혀 그렇지 않다. 예를 들어 내가 아침에 차에 시동을 걸고 운전해서 연구실에 도착하는 과정을 생각해보자. 시동 걸기, 운전하기 등은 '연구실 출근'이라는 목적을 위한 과정에 해당한다. 하지만 우리가 주목해야 할 것은 매연이다. 매연이 발생했다고 해서 시동 걸기, 운전하기 등의 행위가 매연을 만들어내기 위한 일이라고는 볼 수 없다. 매연은 '출근 과정의 부산물'일 뿐이다.

지구도, 인간도 매연과 같은 존재일 수 있다. 그러면 우리는 우주 진화의 목적이 아니다. 단지 시간이 흐르면서 우주에 별과 은하가 만들어졌고, 그것들이 자연스럽게 우주에 더 많은 화학 성분을 만들면서 복잡한 생명체가 탄생할 수 있는 여건이 만들어진 것이다. 별과 은하에게는 선의도, 악의도 없다. 어쩌다 그들이 남긴 찌꺼기 속에서 우리가 태어났을 뿐이다. 우리가 우주 진화의 목적이라고 감히 단언하려면 우주의 진화는 우리 대에서 끝나야 한다. 하지만 우주는 무심하다. 우리가 사라진다고 해서 우주의 시간이 끝나지는 않을 것이다. 우주는 우리 이후에도 계속 존재할 것이다. 우주는 아직 완성되지 않았다. 우주는 단 한 번도 완성된 적이 없다. 시간이 흐르는 한 우주는 영원히 미완성이다.

우리는 똥밭에서 태어났다

우주는 태초의 혼돈에서 시작해 거대하면서도 복잡하게 얽힌 구조를 형성했다. 또 복잡한 생체 기계, 생명체를 만드는 데도 성공했다. 그런데 이 과정이 얼핏 물리학적 모순처럼 느껴질 수 있다. 에너지의 변환과 열의 흐름에 대한 물리법칙인 '열역학 제2법칙'은, 우주는 시간이 흐르면서 해체되어 더 무질서해지고, 그에 따라 으레 '무질서도'로 인식되는 엔트로피는 증가해야 한다고 말한다. 우주의 진화는 이 법칙을 정면으로 거스르는 것처럼 보인다. 그러나 우주에 흩어져 있던 물질이 모이고 우주거대구조Large Scale Structure of the Universe의 골격을 만들고, 별과 행성, 심지어 복잡한 생명체까지 만들어내는 그 모든 과정은 열역학 제2법칙을 전혀 위반하지 않는다. 은하가 빚어지고, 별과 생명체가 탄생하는 그 모든 과정에서 여전히 우주 전체의 엔트로피는 증가한다.

그것이 가능한 이유는 바로 '끌어당기는 힘'인 중력과 핵력 덕분이다. 각각은 거시세계와 미시세계에서 멀리 떨어진 두 물체가 만날 수 있도록 끌어당기는 힘이다. 중력과 핵력이 끝없이 일하는 덕분에 우주는 엔트로피가 증가하더라도 정돈된, 정교한 구조를 유지할 수 있다. 이건 마치 어질러진 방을 정리하는 것과 비슷하다. 이불과 책이 널브러진 방을 청소하면, 책장과 침대 등 국지적인 좁은 영역에 한해서는 엔트로피가 줄어들어 질서정연한 상태가 되는 것처럼 보인다. 하지만 청소하는 동안 상태의 변화를 일으키는 에너지가 작용하면서 방 안의 온도는 올라가고, 공기 분자들의 움직임은 빠르고 불규칙해진다. 방을 정리하는 것만으로도 나의 근육이 한 일 덕분에 우주 전체의 엔트로피는 증가한다.

책장과 침대는 방 안의 다른 공간과 물질, 에너지를 주고받는다. 이처럼 물질과 에너지가 모두 외부 환경과 자유롭게 교환될 수 있는 계系를 '열린 시스템open system'이라 한다. 그러나 우리는 방의 한 구석만 떼어내 보아선 안 된다. 책장, 침대를 중심으로 방이 정리된 모습만 보고 엔트로피가 줄어들었다고 말하는 건 공정하지 않다. 방 전체를, 에너지는 드나들 수 있지만 물질은 나가지 못하는 하나의 닫힌 시스템closed system으로 보고, 방 안을 채우고 있는 공기 분자까지 모두 고려해 방 전체의 엔트로피가 어떻게 변했는지를 논해야 옳다. 내 방이 어지럽혀진 이유를 끝없이 증가하는 우주의 엔트로피에서 찾을 수는 없는 일이다. 열역학 제2법칙은 에너지 흐름의 질서를 설명하는 법칙일 뿐이므로, 게으름에 대한 변명이 되지 못한다.

그러면 중력, 핵력 등 서로를 끌어당기는 힘이 일한 덕분에 국지적으로 엔트로피가 감소한 과정을 조금 다르게 바라볼 수 있다. 겉보기에는 질서가 생긴 것처럼 보이지만, 그 질서가 만들어지는 동안 에너지가 소모되고, 그에 따라 더는 사용할 수 없는 형태의 부산물이 발생한다. 질서의 탄생이 '무용한 에너지 찌꺼기'를 만들어내는 것이다. 예를 들어 우주공간에 퍼져 있던 입자가 중력에 의해 모이면서 별이 만들어지고, 그 과정에서 별은 핵융합을 일으키며 막대한 에너지를 방출한다. 그렇게 우주의 엔트로피가 증가한다. 그리고 시간이 흐를수록 내부에 연료로도 쓸 수 없는 무거운 원자핵 찌꺼기를 만들고, 철과 같은 무거운 원자핵이 별의 중심에 축적된다. 별에게 그런 철 원자핵은 아무짝에도 쓸모없는, 에너지 고갈의 상징이자 엔트로피 증가의 결과물인 셈이다.

하지만 그 쓸모없어 보이는 철 찌꺼기 속에서 새로운 행성과 생명체가 빚어졌다. 철은 지구 생명체를 구성하는 가장 중요한 화학 성분이다. 헤모글로빈을 비롯해 다양한 철 기반의 단백질이 우리 몸을 구성한다. 철이 없었다면 지구에 어렵사리 탄생한 생명체가 행성 전체를 정복하는 수준의 기술 문명에 이르지 못했을 것이다. 오늘날 우리가 누리고 있는 기술 문명의 이기는 돌과 나무만으로는 이룰 수 없다. 우주 어딘가 또 다른 행성에 우리처럼 현대적 기술 문명으로 도약하는 데 성공한 존재가 살고 있다면, 그들도 분명 철기 시대를 경험했을 것이다.

별은 자기 중심에 지나치게 많은 철 찌꺼기가 쌓이면 핵융합의 불씨를 끈다. 빛을 잃은 별은 빠르게 붕괴하며 결국 최후를 맞이한다. 별이 수천만, 아니, 수십억 년간 꺼트리지 않은 불씨를 꺼버릴 정도로 철은 별에게 쓸모가 없다. 거칠게 말하면 철은 별에게 똥 같은 존재다. 죽은 별이 우주공간에 만든 이 똥밭에서 지구와 생명, 그리고 인류 문명이 싹을 틔웠다. 어떤 별이 남긴 똥을 거름 삼아 우리가 구성되었다. 나에게는 아무런 쓸모 없는 것이 다른 누군가에게는 귀한 양분이 될 수 있다는 당연한 교훈을, 별은 자신을 희생하면서까지 장엄하게 보여준다.

몇 년 전 건강이 좋지 않아서 병원을 오래 다닌 적이 있다. 매일 밤 늦게까지 연구실에서 커피와 빵으로 끼니를 때우며 일하니 건강이 망가졌던 모양이다. 확실히 연구는 건강에 해롭다. 하루 종일 의자에 앉아 있다가 잠깐 화장실에 가기 위해

자리에서 일어날 때마다, 픽 하고 쓰러질 듯한 기분이 들었다. 심지어 블랙아웃으로 바닥에 주저앉아 있다 뒤늦게 정신을 차린 적도 있었다. 처음에는 평범한 기립성저혈압 정도라고 생각했지만, 그 일이 반복되면서 심상치 않다고 생각했고 뒤늦게 병원에 가서 진단을 받았다. 검사해보니 내 혈액에 철분이 너무 부족했다.

아직도 의사를 만났을 때가 기억난다. 세브란스병원의 혈액내과에서 점잖게 앉아 있던 의사가 "피에 철이 엥꼬가(바닥이) 났다."고 말했다. 그의 입에서 보통 자동차에서 기름이 바닥났을 때를 표현하는 거친 일본식 표현이 튀어나와 나도 흠칫 놀랐다. 그래서 유독 그 순간이 더 기억에 남아 있다. 그때 나는 우울했다. 단순히 내 건강이 많이 악화되었다는 걸 알게 돼서, '진작 건강을 좀 챙기고 잘 챙겨 먹을걸.' 하는 후회 때문에 우울했던 건 아니었다. 나는 의사의 꾸지람 섞인 진단을 들으면서 속으로 이런 생각을 했다. 내 몸속에 철이 적다니, 나는 다른 사람들에 비해 '초신성의 유훈'을 덜 물려받은 존재였구나. 그러니까, 별이 남긴 우주의 혜택을 남들에 비해 적게 누리고 있다는 사실에 우울했다.

양자 요동은 빅뱅 직후 최초의 연금술을 통해 원자를 빚었다. 그리고 그 원자가 모여서 만들어진 별은 자신을 희생하며 더 무겁고 다양한 화학 성분을 우주에 남겼다. 별이 자신의 핵

융합 반응의 산물을 우주공간에 추가하면서 우주의 주기율표
는 풍성해졌다. 이 과정을 우주의 '화학적 비옥화chemical enrich-
ment'라고 한다. 태초의 우주가 빅뱅 직후에 스스로 만들 수 있
었던 화학 성분은 끽해야 수소, 헬륨 정도였다. 만약 이때도 화
학이라는 과목이 있었다면, 그 어떤 학생들도 화학을 포기하
지 않았으리라. 주기율표가 원자번호 2번에서 끝났을 테니 말
이다. 물론 그런 우주에서는 화학이 쉽다고 뿌듯해할 생명체
자체가 애초에 태어날 수 없었겠지만.

지난 138억 년 동안 별들이 희생한 덕분에 지금의 빼곡한
주기율표가 채워졌다. 만약 화학이 너무 어려워서 스트레스라
면, 별을 원망하길 바란다. 지금의 장황한 주기율표가 만들어
지게 된 데에는 별의 책임이 크다. 우리 은하 안에만 수천억 개
에 이르는 별이 있고, 또 그런 은하가 당장 관측 가능한 우주
안에만 수천억에서 수조 개 스케일로 존재한다. 그 많은 별들
이 남긴 화학 성분을 생각해보면, 지금은 수소와 헬륨보다 다
른 화학 성분이 훨씬 많아졌을 거라고 생각하기 쉽다. 하지만
전혀 그렇지 않다. 우주를 구성하는 화학 성분의 함량을 따져
보면, 지금으로부터 138억 년 전 빅뱅 직후나 지금이나 크게
달라지지 않았다. 여전히 우주 전체 질량의 4분의 3은 가장 가
볍고 단순한 수소가 채우고 있고, 나머지 4분의 1도 그 다음으
로 가볍고 단순한 헬륨이 채우고 있다. 원자번호 3번부터 쭉

이어지는 주기율표 속의 그 많은 성분을 다 끌어모아도 우주 전체의 1퍼센트도 되지 않는다.

우리는 우주에서 가장 드물고 구하기 어려운 재료만 끌어모아 빚어진 존재다. 우리 발밑에는 규소와 산소가 넘쳐나고, 지각 깊은 곳에는 철과 마그네슘이 가득하다. 우리 몸 속에는 탄소와 산소, 질소, 인이 가득 뭉쳐 있다. 하지만 이 모든 걸 다 모아도, 지구의 모든 생명체를 다 원자 단위로 분해해서 원자 한 톨까지 끌어모아도 우주를 구성하는 수소와 헬륨에 비하면 극미량에 불과하다. 우리는 화학적으로 볼 때 우주의 압도적인 소수자, 케미컬 마이너리티chemical minority다. 아무리 별이 발악을 해도 우주가 너무 광활하니, 아직은 화학 성분이 한참 부족하다.

그래서 천문학자들은 주기율표를 투박하게 구분한다. 우주에서 제일 많은 성분인 수소, 그리고 두 번째로 많은 헬륨을 제외하고 나머지는 그냥 한 덩어리로 뭉뚱그려 부른다. 원자번호 3번에서 시작하는 나머지 모든 원소를 수소와 헬륨보다는 무거운 원소라는 뜻에서 '중원소'라고 한다. 그냥 다 뭉뚱그려서 금속원소라고도 부른다. 보통 금속이라고 하면 철, 마그네슘처럼 반짝반짝 윤이 나는 단단한 물질을 떠올리지만 천문학자들에겐 수소, 질소와 같은 기체 성분까지 다 금속에 해당한다. 천문학자들에게 우주는 수소와 헬륨, 그리고 나머지다. 그리고 이 나머지를 무거운 금속원소라는 뜻에서 실제로 영어로 헤비 메탈heavy metal이라고도 부른다. 모두 별이 남긴 똥, 아니, 우리를 피워낸 귀한 거름이다.

우주에서 수많은 별들이 초신성 잔해supernova remnant라는 거름을 남겼다. 초신성 잔해란 별이 초신성 폭발을 일으킨 뒤 남은 파편과 충격파의 구름을 말한다. 그 속에서 생명이 태어났다. 그렇다면 오늘날 생명의 시대를 살아가는 우리들은 또 다음 세대의 우주를 위해 어떤 거름을 남기게 될까? 생명이라는 초신성이 어떤 잔해를 남기게 될까? 우리가 모두 사라진 먼 훗날의 우주는 과연 우리가 의도치 않게 남긴 잔해를 거름 삼아 또 전혀 다른 모습의 우주로 변모할까? 오로지 생명만이 만들어낼 수 있는, 전례 없는 새로운 거름은 우리의 머릿속에 있는 의식, 정보다. 이 손에 잡히지 않는 거름이 훗날 우주에서 또 어떻게 활용될지, 어떤 쓸모를 갖게 될지는 상상하기 어렵다. 하지만 우리가 남기고 있는 정보는 우주의 빅히스토리를 통틀어 우리가 탄생하고 나서야 우주를 조금씩 채우기 시작한, 전혀 다른 형태의 거름인 것은 확실하다.

우주의 가속 팽창이 끝없이 이어진다면, 결국 우주의 구성 요소들은 뿔뿔이 흩어질 것이다. 모든 은하가 관측 가능한 우주 경계 너머로 벗어나, 우리의 시야에서 영원히 사라질 것이다. 더는 새로운 별도 태어나지 않고, 블랙홀조차 모두 증발할 것이다. 우주를 채우고 있던 시공간의 떨림, 중력파도 희미해지다 자취를 감추는 날이 올 것이다. 그리고 관측 가능한 우주 안에서 그 어떤 별도, 은하도 볼 수 없는 어둠의 시대가 찾아올 것이다. 이때까지 어떤 지적 생명체가 용케 살아남았다 하더라도 천문학이라는 학문은 존재할 수 없을 것이다. 하늘이 아무것도 없는 암흑일 테니 말이다. 천문학자로서 상상하고 싶지 않은 끔찍한 미래다. 아직 천문학이 가능한 우주에 살고 있다는 건 우리에게 큰 행운이다.

우주가 천문학이 불가능해지는 방향으로 진화한다고 말할 수 있을까? '진화'라는 단어는 생물학에서 유래했다. 그런데 천문학자들은 이 단어가 굉장히 마음에 들었던 모양이다. 생물학자들에게 딱히 허락도 구하지 않고, 별과 은하, 우주의 변화를 설명할 때 '진화'를 사용한다. 내가 이전에 근무했던 연구실도 '은하진화연구센터 및 근우주론연구실'이라는 거창한 이름을 내걸고 있었다. 나도 학창시절부터 별의 진화, '우주의 진화'라는 표현을 자연스럽게 접해왔기 때문에 최근까지 아무런 생각 없이 이를 그대로 써왔다. 그런데 어느 날 한 진화생물학자와 대화하고 뒤통수를 세게 얻어맞는 듯했다. 그는 내게 우주나 은하에 대해서는 진화라는 단어를 써도 되지만, 개개의 별에는 어울리지 않는다고 지적했다. 진화는 한 개체의 변화를 설명하기보다 여러 개체가 모여 있는 거대한 집단의 변화를 설명하기 때문이다.

옳은 지적이라는 생각이 들었다. 수천억 개의 별, 수천억 개의 은하가 모인 은하와 우주 전체는 하나의 생태계라고 볼 수 있다. 138억 년에 달하는 긴 세월에 걸쳐 별이 남긴 화학적 산물이 대물림되고 세대를 거쳐 전해지면서 우주의 전반적인 특징이 조금씩 달라졌다. 진화라는 단어에 맞는 장엄한 과정이다. 하지만 고작 하나의 별이 태어나고 나이를 먹고, 부풀었다가 폭발하는 과정은 진화라 하기엔 부족하다. 아마 별의 삶이 수천만 년, 수억 년의 느리고 긴 시간 스케일로 진행되어서 진화라는 단어가 남용된 모양이다. 별이 시간의 흐름을 따라 변모해가는 모습이 극적이긴 하지만, 어쨌든 그것은 개체 하나의 변화다. 마치 애벌레 하나가 번데기를 거쳐 나비가 되는 과정과 같다. 그러니 별의 변화는 '진화'가 아니라 '변태'라고 하는 게 더 적합하다.

우주는 앞으로도 계속해서, 엔트로피가 최대치에 도달할 때까지 무심하게 진화할 것이다. 우주의 진화에는 의도도, 방향성도 없다. 우주의 진화에서 우리는 주인공이 아닐 뿐만 아니라 조연 축에도 끼지 못하는, 찰나에 존재했다가 스쳐가는 엑스트라 중 하나다. 사람들은 진화를 복잡하고 아름다운 완성점으로 나아가는, 일종의 발전을 암시하는 개념으로 생각한다. 하지만 과학적으로 '진화'는 시간의 흐름에 따른 변화를 의

미할 뿐이다. 만약 시간이 지나 우주의 모든 별과 은하가 해체
되고 모든 것이 원자 단위로 파괴되더라도 그것은 퇴화가 아
닌 진화다. 더군다나 진화의 반대말은 퇴화나 퇴보가 아니다.
과학적으로 볼 때 진화의 정확한 반대말은 '정체'다. '진화'란
우주가 멈추지 않고 계속 변화한다는, 과거와 미래가 같지 않
다는 사실만 보여준다.

8장

밤하늘에 느낀 권태

: 우주적 쾌락이 언제까지 지속될 수 있을까

"세상이 굶주리는 이유는 경이로움이 존재하지 않기 때문이 아니라,
경이로움을 느끼지 못하기 때문이다."

_길버트 키스 체스터튼G. K. Chesterton

인류 역사상 최초로 로켓을 타고 달까지 날아가 파랗고 둥근 지구의 모습을 확인한 주인공은 누구일까? 아폴로 11호가 있기 전, 그 놀라운 경험을 하고 무사히 지구로 돌아온 존재가 있다. 뜻밖에도 우주여행과 전혀 어울리지 않는 '거북이'다. 아폴로 11호의 비행사였던 버즈 올드린Buzz Aldrin과 닐 암스트롱Neil Armstrong이 달에 발자국을 남기기 딱 1년 전, 1968년 당시 소련의 과학자들은 자국의 우주인을 미국보다 먼저 달에 보내기 위해 준비하고 있었고, 그에 앞서 우선 사람이 아닌 동물을 태우고 달 궤도를 돌고 귀환하는 것이 가능한지 테스트를 진행했다. 1968년 9월 우주로 '존드 5Zond 5' 탐사선이 올라갔다. 거북이 두 마리가 탑승한 캡슐은 달 표면에 착륙하지는 않고 그대로 달 뒤를 선회한 다음 다시 지구로 경로를 따라 지구로 귀환했다.

거북이는 지구에서 땅바닥에 가장 가까이 붙어서 사는 생명체다. 아마 거북이들은 자신이 기어다니는 지구가 완전히 평평한 세계라고 생각할지 모른다. 가끔 지구가 평평하다고 우기는 '지구평평론자'들을 볼 수 있는데, 분명 거북이의 시야로 세상을 보는 사람들이다. 거북이는 우주, 하늘과는 가장 거리가 먼 동물처럼 보이는데, 그런 거북이가 역사 최초로 달 궤도를 빙 돌아 지구로 귀환하는 우주여행의 주인공이 된 것이다. 캡슐에 있던 거북이들은 창밖의 까만 우주에 덩그러니 떠 있는 둥근 지구를 보며 무슨 생각을 했을까? 저 파란 구슬이 불과 며칠 전까지 자기가 발을 딛고 있던 고향이라는 사실을 눈치챘을까? 다행히 거북이들은 우주 궤도 비행 중에 희생된 개, 라이카Laika의 슬픈 전례를 따라가지 않았다. 거북이들은 여행을 마치고 무사히 인도양 바다에 떨어졌고, 모두 생존했다. 소련의 과학자들은 단순히 몸집이 크지 않고, 캡슐 안에 고정시키기 좋다는 실용적인 이유로 이들의 선발했다. 결과적으로 미소 우주 냉전, 레이스의 승자는 거북이가 되었다. 생각해보면 토끼와 달리기를 겨룬 《이솝우화》에서부터 레이스의 승자는 거북이였다.

라이트 형제가 인류 최초로 비행을 시도하고 불과 한 세기도 지나지 않아서, 인류는 달까지 날아가 발자국을 남기고 돌아왔다. 우주인들은 잿빛의 달 표면에서 푸른 지구가 떠 있는 풍경을 바라봤다. 아이러니하게도 아폴로 11호 미션 내내 촬영된 사진들 중 인류에게 가장 큰 감동을 주었던 사진은 달을 찍은 사진이 아니라, 달에서 찍은 지구의 사진이었다.

우주를 배경으로 한 사극

이후로 많은 탐사선이 우주로 떠났다. 그리고 우주에서 지구의 사진을 찍는 것이 하나의 전통이 되었다. 대표적으로 1977년 지구를 떠난 태양계 탐사선 '보이저 1호'의 사진이 있다. 보이저 1호는 언제까지 이어질지 알 수 없는 기약 없는 외로운 항해를 떠났다. 꿋꿋이 예정된 궤도를 따라가던 보이저 1호는 1990년에 해왕성 궤도를 벗어나기 시작했다. 보이저 1호를 조립하던 시점의 사진을 보면 보통 우주 탐사선, 인공위성이라고 하면 떠올리는 흔한 부품인 태양광 패널이 없다. 보통 비행 거리가 비교적 짧은 화성 탐사선만 해도 까맣게 반질거리는 태양광 패널을 달고 간다. 계속 태양빛을 받으면서 전력을 충전하기 위해서다. 하지만 보이저 1호는 애초에 태양계를 넘어, 먼 성간 우주를 떠도는 것이 목적이다. 그 정도로 먼 거리에서는 태양광 패널을 달아도 태양빛이 너무 희미해서 소용이 없다. 오히려 탐사선의 중량만 무겁게 할 뿐이다.

대신 보이저 1호에는 방사성 동위원소인 플루토늄 238이 붕괴할 때 발생하는 열로 전력을 만들어내는 '방사성동위원소 열전기 발전기RTG'가 들어있다. 참고로 화성에 버려진 맷데이먼의 우주 표류기를 다룬 영화 '마션'에서도 이런 발전기가 등장하는데, 영화에서 주인공은 그것을 끌어안고 화성의 추위를 버틴다. 보이저 1호는 발사 직후에는 470W의 전력을 생산했지만, 지금은 발전기의 효율은 크게 떨어졌다. 플루토늄 238의 반감기가 87년 정도이기 때문에 지구를 떠난 지 반세기가 지난 보이저 1호의 배터리는 간당간당하게 남은 수준이다.

보이저 1호와 2호는 1977년에 몇 주 간격으로 발사된 쌍둥이 탐사선이다. 이들은 목성, 토성, 천왕성, 해왕성이 한쪽 하늘에 나란히 배열되는 176년 만의 천문학적 '대행렬' 덕분에 '중력 도움gravity assist'을 활용해 차례로 행성을 탐사할 수 있었다. 보이저 1호는 1979년 목성을, 1980년 토성을 지나며 두 행성과 위성 들의 정밀한 사진과 데이터를 지구로 전송했다. 특히 토성의 위성 타이탄을 근접 관측하며, 두꺼운 대기와 액체의 존재 가능성을 확인했다. 타이탄 탐사 후 궤적이 태양계 밖으로 향하게 설정되어 있었기에 보이저 1호는 토성을 마지막으로 행성 탐사를 마치고 태양계 외곽으로 향했다.

보이저 2호는 1호보다 먼저 발사되었지만 더 느린 궤도를 택해 목성, 토성, 천왕성, 해왕성 순으로 인류 역사상 유일하게 모든 거대 외행성을 직접 탐사한 탐사선이 되었다. 1990년 무렵, 보이저 2호가 해왕성 궤도를 벗어나면서 '태양계 행성 탐사'라는 임무는 완전히 끝났다.

그 무렵, 태양계 안에서의 관측 임무를 마친 보이저 1호가 태양계 바깥의 어둠 속으로 사라지기 전에 천문학자들은 마지막 임무를 제안했다. 태양계의 가장자리에서 지구를 포함한 내행성 쪽을 되돌아보는 '가족사진family portrait'을 파노라마로 찍자는 것이었다. 굳이 탐사선의 카메라로 태양계의 가족 사진을 찍는 건, 탐사선의 카메라가 망가질 위험까지 있는 무모한 시도다. 실제로 보이저 1호가 태양계 가족사진을 찍던 당시, 카메라가 태양을 바로 향하지 않도록 하기 위해 신경을 써야 했다. 자칫 각도가 조금이라도 틀어져서 태양 빛이 그대로 카메라에 비추면, 우주의 희미한 빛을 담기 위해 민감하게 제작된 카메라 센서가 순식간에 과도한 빛을 받아 망가질 수 있기 때문이었다. 그래서 보이저 1호는 눈부신 태양에서 조금 떨어진 행성들을 담았다. 그 가족사진에는 목성, 지구, 금성, 토성, 천왕성, 그리고 해왕성이 담겼다. 아쉽게도 이 역사적인 사진에는 수성과 화성을 기록하지 못했다. 두 행성의 크기가 너무 작고, 사진을 찍던 당시 태양에 너무 바짝 붙어 있었기 때문에 앵글에 담을 수 없었다. 또 명왕성도 없었는데, 당시에는 많은 천문학자들이 태양계의 귀여운 막내가 함께 하지 못했다고 아쉬워했다. 결과적으로 명왕성이 태양계의 호적에서 날아갔기 때문에, 나름의 선견지명이었다고 볼 수 있겠다.

조금씩 앵글을 돌리면서 태양계 파노라마 가족사진을 만들어가던 보이저 1호는 2월 14일, 마침 발렌타인데이에 인류에게 가장 달콤한 선물을 안겨주었다. 아득히 먼 곳에서 바라본 지구의 모습이다. 사진 속에는 픽셀 하나 수준의 작고 흐릿한 점 하나가 찍혀 있다. 이 사진을 찍던 날 보이저 1호는 지구에서 60억 킬로미터 거리에 떨어져 있었다. 길이 60억 킬로미터의 셀카봉을 하늘 높이 뻗은 다음 그 끝에 달려있는 스마트폰으로 셀카를 찍은 셈이라고 볼 수 있다. 지난 수만 년에 걸쳐 써내려왔다고 자부하는 위대한 호모 사피엔스의 역사는 따지고 보면 그 작은 한 점에 갇힌 역사에 불과했다. 최근 들어 인류가 이 비좁은 고향을 벗어나보겠다고 아등바등 대고 있기는 하지만, 천문학자인 내가 봐도 앞으로도 꽤 오랫동안 인류가 이곳을 유의미한 규모로 벗어나는 건 어려워 보인다. 칼 세이건은 보이저 1호가 담은 낯선 지구의 모습을 보고, 우리 행성에 '창백한 푸른 점Pale Blue Dot'이라는 재밌는 별명을 지어주었다. 우리는 태양 주변의 텅 빈 공간을 부유하는 작은 먼지에 불과하다는 것이다.

1992년생인 나는 애석하게도 이 사진에 담기지 못했다. 2년만 더 일찍 태어났다면 나도 60억 킬로미터 거리에 떨어진 카메라로 셀카를 찍은 '라테 썰'을 들려줄 수 있었을 텐데 참 아쉽다. 천문학자들은 보이저 1호가 창백한 푸른 점을 찍기 전과 후로, 인간의 우주에 대한 인식, 그리고 감수성이 변했다고 말한다. 이전까지 비좁은 지구에서 자신이 가장 잘났다고 자부하며 큰 착각에 빠져 살았지만, 이 하찮고 작은 지구의 모습이 잠시나마 자만심을 벗겨주었다. 그래서 천문학자들은 인류의 '세대'를 창백한 푸른 점 사진 이전과 이후로 구분한다. 이 사진을 찍은 이후에 태어난 세대를 보이저 이후의 세대라는 뜻에서 '포스트 보이저 세대'라고 한다. 이 세대는 보이저 1호가 찍어준 창백한 푸른 점 사진 속 하찮은 지구의 모습을 통해 자신이 얼마나 작고 소중한 행성에서 살아야 하는지를 깨닫고 천문학적인 인류애와 감수성을 가진 세대가 되었다.

이후로 다양한 탐사선들이 지구의 인증샷을 찍었다. 2014년 화성 탐사선 큐리오시티Curiosity는 화성에서 529일째를 보내던 날, 태양이 지평선 아래로 저물고 80분이 흐른 뒤에 화성의 저녁 하늘에 희미하게 떠 있던 지구와 달의 모습을 사진으로 담았다. 큐리오시티가 찍은 어둑한 화성의 하늘을 확대하면 희미하게 보이는 큰 점과 작은 점을 볼 수 있다. 큰 점이 지구, 작은 점이 달이다. 지구의 밤하늘에서도 화성을 볼 수 있듯이, 화성에서도 지구를 볼 수 있다. 2013년 7월 19일, 당시 토성 곁을 맴돌던 카시니Cassini 탐사선도 특별한 사진을 담았다. 카시니는 토성 곁을 맴돌던 중 완벽하게 태양 빛이 가려지는 토성의 뒤쪽을 지나갔다. 그리고 거대한 토성의 가장자리 너머로 태양 빛이 새어 나오는, 토성에 의한 일식 순간을 포착했다. 그 반투명한 빛은 얇은 토성의 고리와 더불어 토성을 더욱 신비롭게 만든다. 토성을 크게 에워싼 푸른 빛의 고리도 볼 수 있는데, 이는 원래 잘 포착되지 않는 고리다. 이것은 토성 고리 외곽을 떠도는 작은 얼음 입자들로 이루어진 또 다른 고리다. 토성이 태양 빛을 가리면서 태양 빛이 줄어든 덕분에, 고리의 얼음 입자에 태양 빛이 산란되는 모습이 두드러진 것이다. 그런데 사진을 잘 보면 토성의 오른쪽 아래 작지만 또렷한 밝은 점 하나가 보인다. 우연히 그 방향을 지나가던 지구가 찍힌 것이다. 절묘하게도 토성의 안쪽 고리와 바깥쪽 얼음 고리 중간에 지구가 걸쳐 있다.

인공위성이 매일 찍어 보내는 둥근 지구의 모습은 일상이 되었다. 이제 우주에서 바라본 지구는 새롭지 않다. 누구도 까만 우주를 배경으로 찍힌 푸른 지구에 설레지도, 감동받지도 않는 것 같다. 불과 반세기 전만 해도 인류는 순수했다. 선택받은 극소수만 우주를 경험하고, 우주에서 지구를 내려다보는 경험을 할 수 있었기에 우주에서 찍은 지구의 모습은 항상 새롭고 낯설었다. 아폴로 11호 미션의 우주인들이 보내준 달 지평선에 걸린 지구의 모습, 보이저 1호가 담았던 창백한 푸른 점은 큰 울림을 주었다. 우리가 그동안 얼마나 부질없고 소모적인 것에 집착하며 싸웠던 건지, 우리가 얼마나 연약한 존재인지를 깨닫고 인간성을 회복하는 계기가 되었다. 하지만 이제 탐사선의 활동 반경이 넓어지고 우주 탐사가 일상이 되면서, 인류는 태양계도 비좁다고 느끼기 시작했다. 태양계 영역을 돌아다니는 것으로는 감동을 느끼지 못할 정도로 역치가 올라왔다. 인간성은 다시 둔감해졌다.

최근 몇 년 사이, 극장에 많은 우주 배경 영화가 걸렸다. 그런데 그동안 내가 봤던 영화들을 돌아보면서 흥미로운 사실을 발견했다. 톰 행크스 주연의 영화 '아폴로 13'은 1970년 당시 달 코앞까지 갔지만, 중간에 산소 탱크가 폭발하는 사고가 벌어진 바람에 온갖 우여곡절을 겪은 우주인들이 무사히 지구에 돌아온 실화를 다룬다. 라이언 고슬링이 주연으로 닐 암스트롱 역할을 맡았던 '퍼스트맨'은 크게 흥행하진 않았지만, 아폴로 11호 미션 준비 과정에서 우주인들과 동료, 가족들이 각자 어떤 고뇌를 안고 매일을 버텨야 했는지를 담담하게 보여준다. 동시대를 다루는 '히든 피겨스'는 아폴로 11호 미션의 성공을 위해, 인간 컴퓨터처럼 취급되며 궤도 계산에 투입되었던 흑인 여성 과학자들의 일대기를 다룬다. 러시아 영화 '스테이션 7'은 1985년 갑자기 동력이 끊기면서 추락 위기에 처했던 소련의 우주정거장 사건의 실화를 다룬다. 이 모든 작품들은 주 무대가 우주지만, 먼 미래의 이야기를 다루는 SF가 아니다. 모두 과거에 벌어진 실화를 다루는 일종의 역사극이다. 벌써 인류는 우주에서의 과거를 추억하게 된 것이다. 우리는 우주 배경의 사극을 즐길 수 있는 시대를 살게 되었다. 언젠가 서

점에서 어떤 그림 동화책을 발견한 적이 있다. 동화책 표지에
는 보이저 탐사선의 모습이 아주 따뜻하고 사랑스러운 그림체
로 그려져 있었다. 놀랍게도 이야기의 주인공은 보이저 1호였
다. 우주 탐사선의 이야기를 옛날 옛적 이야기처럼 듣고 즐기
는 세대도 자라고 있다.

하지만 감수성이 성숙해지는 속도에 비례해, 우주적 경험에
대한 기대치, 역치도 빠르게 치솟았다. 그래서 우리는 망각한
인간성을 회복하기 위해서 새로운 자극이 나타나기를 기다린
다. 아쉽지만 아직 인간은 다른 행성에 발자국을 남긴 적이 없
다. 고작 코앞의 위성인 달에 다녀온 게 전부다. 우리는 이제서
야 본격적인 우주 문명으로 진입하기 위한 작은 걸음을 떼고
있다. 겨우 그런 주제에, 감히 태양계 정도는 우습다고 여기고
건방을 떤다.

좀비 탐사선

보이저 탐사선들이 지구를 떠난 지 50년 가까운 시간이 흘렀
다. 두 대의 보이저 탐사선도 이제 정말 마지막을 향해 가고 있
다. 이제 지구에서 약 240억 킬로미터나 되는 거리까지 멀어
졌다. 빛의 속도로 날아가도 22시간이 걸리는 엄청난 거리다.

이제 지구에서 보이저 탐사선까지 명령어를 보내고 답을 받는 데만 해도 왕복으로 이틀 가까운 긴 시간을 기다려야 한다. 세월의 벽을 이기지 못하고 고장도 잦아졌다. 2023년 겨울, 천문학자들에게 안타까운 소식이 들려왔다. 최소한의 장비만 작동시키면서 여행을 이어가던 보이저 1호에서 비정상적인 신호가 날아왔다. 1과 0으로 이어지는 이진법 신호를 보내오던 보이저 1호가 갑자기 아무런 의미 없이 0만 이어지는 신호를 보내기 시작했다. 분명 보이저 1호에 탑재된 컴퓨터에 문제가 생겼다는 뜻이었다.

천문학자들도 참 끈질기다. 50년이나 괴롭혔으면 이제 좀 포기할 만도 한데, 포기를 모른다. 그대로 우주 쓰레기가 될 뻔했던 보이저 1호를 되살리고 말았다. 무려 240억 킬로미터나 떨어져 있는, 우주공간을 홀로 떠도는 깡통 로봇을 손도 대지 않고 원격 제어만으로 다시 되살린 것이다. 5개월에 걸친 끈질긴 사투 끝에 보이저 1호는 다시 정상적인 생존 신호를 보냈다. 죽을 듯 죽지 않는 좀비 같은 탐사선이다.

당시 보이저 1호에서 벌어진 문제는 탑재된 세 대의 주요 컴퓨터 중 하나인 비행 데이터 시스템 FDS에서 발생했다. 이 컴퓨터는 보이저의 다양한 센서를 활용해 여러 과학 데이터를 취합하고, 그것을 다시 이진법 데이터로 변환해서 지구로 전송한다. 그런데 이 컴퓨터를 작동시키는 코드에서 일종의 메모리 오류가 발생하면서 0만 이어지는 이상한 신호가 날아왔던 것이다.

보이저 1호는 오랜 세월 동안 수집한 전체 데이터의 양도 어마어마하다. 그래서 굳이 여행 내내 수집한 데이터를 계속 메모리에 담아두지 않는다. 더 정확하게 말하면 그 정도로 방대한 데이터를 저장할 만큼 큰 메모리를 싣고 갈 수 없다. 그래서 보이저 1호에는 전원을 끄고 리셋하면 그 이전까지 저장되어 있던 데이터가 모두 사라지는 휘발성 메모리가 탑재되었다. 탐사하면서 유용한 데이터는 최대한 지구로 전송하고, 시간이 흐르면 말끔히 지워버린다. 보이저 1호의 단기 기억상실증은 태생적인 메모리 용량의 한계로 인한 불가피한 선택이었다. 참고로 보이저는 이런 방식으로 작동하는 메모리를 탑재한 최초의 탐사선이다. 덕분에 굳이 불필요한 데이터까지 쌓아두지 않고 수시로 지구에 데이터를 새롭게 보내면서 제한된 용량으로 최대한 버틴다.

그런데 2023년 겨울, 갑자기 이 메모리에서 문제가 발생했다. 원래 보이저에는 이런 사태를 미리 대비해서 FDS 컴퓨터가 여분까지 총 두 대 내장되었다. 하지만 안타깝게도 백업용 FDS 컴퓨터는 이미 1981년에 망가진 상태다. 그래서 당장 새로운 백업 컴퓨터로 작업을 옮기는 간단한 방식으로는 문제를 해결할 수 없는 상황이었다. 이 난감한 사태를 해결하려면 정확히 컴퓨터 프로그램의 어느 부분에서 에러가 발생한 건지 디버깅을 해야 했다. 딱 문제가 되는 코드가 몇 번째 줄인지를 알아내야 했던 것이다.

엔지니어들은 죽어가는 보이저를 끝까지 되살리겠다는 일념으로 코드와 씨름했고, 마침내 문제가 된 부분을 찾아냈다. 다행히 전체 코드의 약 3퍼센트밖에 안 되는 일부 메모리에서만 문제가 벌어지고 있었다. 컴퓨터에 탑재된 칩 달랑 하나 때문에 벌어진 사태였던 것이다.

이를 해결하기 위해 NASA의 엔지니어들은 한 가지 묘수를 떠올렸다. 문제가 되는 칩을 건드리지 않고 나머지 메모리 칩만 사용하는 방식으로 일종의 우회 코드를 짜는 것이다. 코드 안에서 실행 파일의 경로를 바꿔서 고장 난 칩만 거치지 않는 방식으로 수정했다. 그리고 2024년 4월 엔지니어들은 수정된 코드를 보이저 1호에 보냈다. 며칠 뒤, 드디어 보이저 1호는 다시 정상으로 돌아오면서 자신의 상태를 알리는 데이터를 보내기 시작했다. 태양계 경계 너머 진정한 성간 우주로 나아가고 있는 탐사선을 손끝 하나 건드리지 않고 오로지 원격으로 수리해냈다는 사실이 경이롭지 않은가.

재밌는 것은 보이저 2호가 1호보다 먼저 지구를 떠났다는 점이다. 1977년 8월 20일에 보이저 2호가 먼저 발사되었고, 며칠이 지난 9월 5일에 1호가 지구를 떠났다. 이렇게 넘버링이 뒤집힌 이유는 1호와 2호가 여행하는 경로가 달랐기 때문이다. 1호는 목성과 토성까지만 보고 빠르게 서둘러 태양계를 벗어났지만, 2호는 천왕성과 해왕성까지 둘러보고 태양계를 벗어났다. 태양계 외곽의 가스 행성 네 곳을 전부 구경하느라 보이저 2호는 느리게 빙 돌아가는 여행을 했다. 그래서 뒤늦게 떠난 보이저 1호가 2호보다 무려 네 달이나 더 빠르게 목성에 다가갔다.

당시 NASA는 긴 여정 내내 탐사선이 망가지지 않고 잘 작동할 수 있을지, 또 프로젝트 예산이 중간에 끊기지는 않을지를 걱정했다. 그래서 보이저 2호의 천왕성과 해왕성 방문은 추가 예산이 확보될 때만 진행될 예정이었다. 다행히 그 여행도 무사히 실현되었다. 보이저 1호는 2호보다 2주 늦게 출발했지만, 목성에 더 빨리 도착할 예정이었기 때문에 1호로 불렸다. 보이저 탐사선 프로젝트는 애초에 넘버링을 매길 때부터 지구에서의 관점이 아닌, 지구를 벗어난 우주의 관점에서 시작되었던 셈이다.

현재 천문학자들은 두 대의 보이저가 모두 태양계를 벗어났다고 표현한다. NASA는 2012년 8월 25일 보이저 1호가 태양계 경계를 벗어났고, 그 뒤를 이어 2018년 11월 25일 보이저 2호가 태양계 경계를 벗어났다고 공식 발표했다. 그런데 사실 여기엔 재밌는 함정이 숨어 있다. 보는 관점에 따라서 아직도 두 대의 보이저는 태양계를 전혀 벗어나지 못했다고도 볼 수 있다. 태양계의 경계를 어떻게 정의할 것인지에 따라 두 탐사선의 사정은 완전히 달라진다.

우리 태양도 우주에 떠 있는 하나의 별이다. 태양은 끝임없이 고에너지 입자들을 사방으로 내뿜는데, 이것을 태양풍이라 부른다. 이 태양풍은 태양계 전역으로 퍼져나가며 원래 은하 공간에 흩어져 있던 성간 입자(우주와 먼지와 가스)를 바깥쪽으로 밀어낸다. 하지만 태양계는 가만히 있는 게 아니다. 태양과 행성들은 은하 중심을 향해 빠르게 이동하고 있다. 이때 태양이 은하 속 성간 물질을 뚫고 지나가며 만드는 흔적은 마치 물방울 같다. 태양이 나아가는 방향 앞쪽에서는 성간 입자가 태양풍에 눌려 밀도가 높아지고, 뒤쪽에는 밀려난 흔적이 꼬리처럼 길게 남는다. 이렇게 태양풍이 성간 입자를 밀어내며 만들어진 거대한 물방울 모양의 공간을 '태양권heliosphere'이라고 한다. 태양권 안쪽은 태양풍이 지배하는 영역이고, 그 바깥은 은하의 성간 입자들이 지배하는 영역이다. 두 세계가 맞닿은 경계면이 바로 '태양권계면heliopause'인데, 그 너머에는 태양의 영향력이 미치지 않는다.

천문학자들은 보이저 탐사선들에 실린 센서를 통해 보이저가 여행하는 동안 주변 우주공간의 성간 입자의 밀도가 어떻게 변하는지, 그리고 우주 자기장의 방향이 어떻게 달라지는

지를 쭉 모니터링했다. 그리고 보이저 탐사선 주변에서 갑자기 고에너지 우주 방사선 입자의 밀도가 빠르게 올라가는 순간을 포착했다.

바로 그 순간 자기장 센서도 뚜렷한 변화를 감지했다. 비로소 보이저 탐사선이 태양권계면을 벗어나, 태양풍의 영향으로부터 자유로운 영역에 진입했다는 뜻이었다. 비교적 안락하고 평화로웠던 태양풍의 보살핌을 벗어나, 위험한 우주 방사선 입자들이 도사리고 있는 성간 우주로 진입했다. 천문학자들은 바로 이 순간을 기점으로 보이저 탐사선들이 태양계 경계를 벗어났다고 이야기했다.

하지만 태양 중력의 영향을 받는 영역을 태양계라고 정의한다면, 보이저 탐사선들이 태양계를 벗어나기까지 아직도 한참 멀었다. 태양계 외곽에는 혜성들의 씨앗이 거대한 구름을 이루고 있다. 이곳을 오르트구름Oort Cloud이라고 한다. 오르트구름은 태양을 거의 구형으로 둘러싼, 미생성체, 얼음덩어리 천체의 초광대한 집합이다. 태양계 근처를 지나가는 다른 별의 중력 섭동으로 살짝 궤도가 틀어진 오르트구름의 얼음 조각은 태양계 안쪽으로 날아오는 긴 여행을 시작한다. 이 얼음 조각들은 직접 빛을 내지 않는 아주 어두운 천체이기 때문에, 실제 관측으로는 오르트구름의 존재를 입증하지 못했다. 단지 가끔씩 태양계 안쪽으로 떨어지는, 궤도 주기가 200년 이상인 '장

주기 혜성long-period comets'들을 보고 이런 구조가 우리 태양계를 거대하게 감싸고 있을 거라 추측하고 있을 뿐이다. 천문학자들이 추정하는 오르트구름의 스케일은 어마어마하다. 대략 1광년 거리까지 혜성들의 씨앗이 태양 중력에 가까스로 붙잡혀 있을 거라 추정한다. 이 정도면 태양계와 가장 가까운 이웃 별까지의 거리의 4분의 1에 버금가는 엄청난 거리다. 그 정도로 태양 중력의 영향은 멀리 뻗어 있다.

보이저 1호와 2호는 이제 겨우 지구에서 200억 킬로미터 떨어진 거리를 날아가고 있을 뿐이다. 오르트구름이 시작되는 영역에도 지금 속도인 6만 킬로미터 속도로 약 300년 동안 7조 킬로미터는 더 가야 다다를 수 있다. 하지만 오르트구름을 통과하려면 또 3만 년을 더 가야 한다. 만약 태양계의 경계를 태양권계면이 아닌 오르트구름을 기준으로 한다면 두 대의 보이저 탐사선은 아직도 태양의 중력 손아귀에서 벗어나지 못한 채 태양계에 갇힌 꼴이라고 봐야 한다. 어쩌면 천문학자들이 태양계의 경계에 관해 비교적 너그러운 잣대를 들이밀었던 건, 보이저 탐사선의 태양계 탈출을 최대한 빨리 자축하고 싶었기 때문일지 모른다.

우리 은하의 별과 암흑 물질의 분포, 태양계 주변 별들의 궤도를 반영해서 간단하게 계산해보면 앞으로 10억 년 뒤에 보이저 탐사선은 우리 은하의 원반을 가로질러 정확히 태양계 정반대편 위치까지 이동한다. 하지만 그때쯤이면 우리 태양은 거대하게 부풀어서 지구의 바다와 대기는 사라지고, 살아남은 생명체도 거의 없는 상태일 것이다. 만약 운이 좋아 그때까지도 보이저가 꿋꿋하게 여행을 이어가 은하수 반대편에 사는 다른 문명에 발견되더라도, 우리는 사라진 이후일 것이다.

이런 계산을 통해 우리는 또 다른 슬픈 현실을 확인할 수 있다. 우리 은하 곳곳에 외계 문명이 살고 있고, 그들 모두 고향 바깥으로 성간 탐사선을 보내고 있다고 생각해보자. 은하수 반대편에서 출발한 외계 탐사선이 우리 태양계까지 날아올 수도 있다. 하지만 그 정도로 긴 시간에 걸쳐 여행한 탐사선의 발신자는 이미 멸종했거나, 다른 행성으로 이주해 새로운 문명을 이루고 있을 가능성이 높다. 인류가 외계인과의 기약 없는 조우를 꿈꾸며 발사한 보이저 탐사선은 이런 슬픈 현실과 함께 서서히 태양권계면 너머 어둠 속으로 잊히고 있다.

우주시대의 첫 전성기는 끝났다

지난 2024년 7월 9일, NASA 제트추진연구소Jet Propulsion Laboratory의 전임 소장이었던 에드 스톤Edward Stone이 88세의 나이로 세상을 떠났다. 그는 보이저 탐사선 프로젝트를 이끌었던 과학자로 잘 알려져 있다. 평생 태양이 사방으로 토해내는 태양풍 입자가 주변의 성간 입자와 어떻게 상호작용하는지를 연구했다. 그래서 그는 태양계 바깥을 향하는 프로젝트뿐 아니라, 태양에 가장 가까이 접근한 탐사선 프로젝트도 이끌었다. 수성 궤도보다 더 안쪽까지 태양에 접근하면서 사실상 태양을 터치하는 미션이라고 불렸던 '파커 솔라 프로브Parker Solar Probe' 미션이다.

스톤은 1972년부터 2022년까지 NASA에서 근무했다. 앞서 말한 것처럼 그가 NASA에서 우주 프로그램에 참여하던 당시 마침 태양계 행성들은 절묘한 위치를 지나고 있었다. 행성들의 중력을 잘 활용하면, 목성, 토성, 천왕성, 그리고 해왕성까지 연료를 많이 소모하지 않아도 빠르게 모든 행성을 방문할 수 있었다. 180년에 한 번 찾아오는 드문 기회였다. 스톤은 30대의 젊은 시절을 보이저 탐사선 프로젝트를 기획하는 데 보냈고, 무려 50년 가까운 세월 동안 자신이 떠나보낸 탐사선과 함께했다. 인류 역사상 가장 오랜 시간 지속되고 있는 우주 미션을 이끈 것이다. 그러고 그 탐사선들보다 먼저 우주의 별이 되었다.

지난 2019년 2월 14일에는 또 다른 이별이 있었다. 15년 동안 화성의 황량하고 붉은 사막을 누비며 물과 생명의 흔적을 찾아 헤맸던 화성탐사 로버 오퍼튜니티Opportunity가 공식적으로 임무 종료를 선언했다. 직전 여름에 화성에 거대한 모래 먼지 폭풍이 일었다. 운이 나쁘게도 오퍼튜니티가 그 모래 폭풍에 휩싸였고 신호가 끊기고 말았다. 태양광 패널로 배터리를 충전해서 움직여야 하는 오퍼튜니티에게는 끔찍한 자연재해였다. 화성탐사 로버에는 태양광 패널에 쌓인 먼지를 닦을 수 있는 별도의 청소 기능이 없다. 남은 전력으로 몸을 이리저리 움직이면서 먼지가 알아서 떨어져나가길 바라야 한다. 차라리 한 번 더 거센 폭풍이 불어서 먼지가 모두 털리기를 바라기도 했지만, 아쉽게도 오퍼튜니티는 그대로 긴 잠에 빠져들었다.

2017년 9월 15일에는 더 먼 곳에서 이별이 있었다. 1997년부터 7년을 날아간 끝에 2004년부터 토성의 궤도를 맴돌았던 토성 탐사선 카시니가 기나긴 미션을 끝낸 것이다. 카시니는 13년 동안 토성 표면에 가까이 접근하면서 토성 표면에서 휘몰아치는 아름다운 구름과 대기권의 모습을 보여주었다. 또 토성의 위성인 엔셀라두스Enceladus에서 갈라진 얼음 표면 틈 사이로 계속 물줄기를 뿜어내는 우주 간헐천의 모습도, 다른 위성인 타이탄Titan의 하늘이 생명 활동과 깊게 연관되어 있는 메테인methane으로 가득 차 있는 모습도 포착했다. 카시니에 탑재된 하위헌스Huygens 착륙선이 분리되어 아예 타이탄의 대기를 뚫고 표면에 안착하기도 했다. 이로써 인류는 지구의 달뿐 아니라, 토성의 달 표면에도 인공물을 착륙시키는 새로운 역사를 세웠다.

카시니는 거대한 가스 행성인 토성 곁을 맴돌았다. 가끔씩 토성 구름을 들여다보기 위해 토성 대기권의 경계를 아슬아슬하게 지나기도 했다. 궤도를 틀고 자유로운 곡예비행을 이어 가려면 많은 연료가 소모된다. 결국 카시니의 연료가 바닥나면서 미션의 끝이 다가왔다.

미션이 다 끝난 탐사선은 그냥 아무렇게나 우주로 버리면 될 것 같지만, 카시니는 특수했다. 우주에서는 쓰레기도 제대로 버려야 한다. 토성 곁에는 외계 생명체의 존재를 기대할 만한 유력한 후보가 많다. 엔셀라두스와 타이탄 모두, 머지않은 미래에 천문학자들이 새로운 탐사선을 보내서 생명의 흔적을 찾고 싶어 하는 곳이다. 그러니 본격적인 탐사가 이루어지기 전까지 최대한 본연의 행성과 위성들 모습을 보존해야 한다. 그런데 만약 카시니 탐사선을 되는 대로 버린다면 제어를 벗어난 카시니가 엔셀라두스나 타이탄 표면에 추락할 가능성도 있었다. 카시니도 지구에서 출발한 인간의 인공 물체이기에 아무리 철저하게 관리했더라도 지구의 유기물이 조금은 묻은 채 우주로 날아갔을 것이다. 자칫하면 토성의 위성을 지구의 유기물로 오염시키는 일이 벌어질 수 있다. 그렇게 되면 나중에 토성의 위성에 진짜 탐사선을 보내 유기물을 발견하더라도 그게 정말 원래 그곳에 있던 외계 생명체의 흔적일지, 생각 없는 선배들이 묻혀버린 지구의 유기물인지 구분할 수 없게 된다. 또 지구의 유기물이 혹시 그곳에 살고 있을지 모르는 외계 생명체들에게 치명적인 바이러스가 될지도 모를 일이다.

그래서 천문학자들은 카시니가 길을 잃고 토성의 위성에 추락하는 불상사를 막기 위해, 카시니를 안전하게 파괴할 마지막 작전을 수립했다. 철저하게 준비한 카시니 최후의 비행을 그랜드 피날레Grand Finale 미션이라고 부른다. 마지막 날, 카시니는 서서히 토성의 대기권 가장자리에 진입했고, 대기 밀도가 높아지면서 강한 압축열을 받기 시작했다. 천문학자들은 카시니가 남아 있는 연료를 분사하면서 최대한 오랜 시간 토성의 하늘을 체공하도록 했다. 토성의 구름 아래 어떤 세계가 숨어 있는지 조금이나마 엿볼 마지막 기회이기도 했다. 카시니는 아슬아슬하게 구름 표면을 스쳐 지나가면서 지구로 마지막 데이터를 보냈다. NASA의 과학자들은 카시니의 신호가 끊기는 마지막 순간까지 관제실에 모여 카시니를 추모했다. 카시니는 토성의 하늘에서 별똥별이 되어 평생 자신이 곁을 맴돌았던 행성의 일부가 되었다.

이제는 대중에 익숙한 국제우주정거장ISS도 퇴역을 준비하고 있다. 1998년 러시아에서 첫 번째 모듈을 발사한 이래로, 현재까지 총 열여섯 개의 모듈이 우주에서 조립되어 지금의 국제우주정거장이 완성되었다. 쫙 펼쳐진 태양광 패널까지 합하면 무려 축구 경기장 면적만큼 거대한 크기를 자랑한다. 인간이 우주에 띄운 가장 거대한 인공 물체다. 하지만 국제우주정거장도 영원히 우주에 머무르지 못한다. 국제우주정거장은 지구 표면에서 고도 약 400킬로미터밖에 안 되는 낮은 고도에 떠 있다. 머리 위에 정거장이 있다면 직선거리로 따졌을 때 서울에서 부산까지 정도밖에 안 된다. 우주는 생각보다 가깝다. 그래서 국제우주정거장도 지구 대기권과 중력의 영향을 지속적으로 받고 있다. 주기적으로 연료를 추가하고 고도를 높이지 않으면 국제우주정거장은 그대로 속도를 잃고 지구의 하늘로 추락하게 된다. 국제우주정거장은 벌써 30년 가까운 긴 세월 동안 운용된 오래된 시설이다. 결국 NASA는 노후화된 국제우주정거장을 공식적으로 폐기하고, 미션을 종료하겠다는 계획을 발표했다.

국제우주정거장의 마지막도 여느 인공위성과 크게 다르지 않다. 그냥 지구 대기권으로 추락시킬 예정이다. 보통 작은 인공위성들은 대기권에 재진입하면서 압축열로 다 타버린다. 그래서 다행히 누군가의 집 앞에 인공위성 파편이 떨어질 일은 거의 없다. 하지만 축구 경기장 면적만 한 거대한 국제우주정거장은 사정이 다르다. 대기권에 진입한 뒤에도 많은 부분이 타지 않고, 그대로 지상에 추락할 가능성이 있다. NASA는 국제우주정거장을 '포인트 니모Point Nemo'라고 하는 남태평양 한

복판에 떨어뜨릴 계획이다. 이곳은 지구의 대륙 그 어느곳에서도 가장 멀리 떨어져 있는 바다 한복판이다. '포인트 니모'라는 이름은 소설《해저 2만리》에 나오는 깊은 바다의 이름에서 따왔다.

실제로 이곳은 오래전부터 임무를 마친 탐사선, 인공위성들을 수장시킬 때 많이 사용되었다. 우리의 후손들이 남태평양 해저로 내려간다면 다양한 탐사선들의 잔해가 가득한, 우주 버전의 아틀란티스가 펼쳐질 것이다. 우주 탐사 역사를 발굴하는 우주 고고학이라는 새로운 분야의 성지가 되지 않을까? 머지않아 국제우주정거장이 '포인트 니모'를 향해 추락하는 모습을 상상해본다. 인류가 만들어낼 수 있는 가장 극적인 별똥별이 될 것이다. 거대한 우주 구조물이 불타오르며 떨어지는 모습을 보면서, 하나의 우주시대가 저물어가고 있다는 사실을 느낄 수 있을 것이다.

우리는 지금 가장 조용하고 지루한 우주시대를 보내고 있다. 1960년대 미국, 소련간 우주 냉전의 분위기 속에서 촉발된 첫 번째 전성기가 있었다. 목성을 직접 촬영한 선발대 격 탐사선 파이어니어가 스타트를 끊었다. 보이저가 뒤를 이어 태양계 너머로 여행을 떠났고 기어코 사람도 달에 보냈다가 무사히 지구로 귀환시키는 데 성공했다. 다양한 탐사 로봇들이 화성에 발자국, 아니, 바퀴 자국을 남겼다. 심지어 끔찍한 고온,

고압, 부식성 대기로 이뤄진 금성의 하늘까지 탐사선들이 비집고 들어갔다. 그런데 이 첫 번째 전성기는 우리가 잘난 덕분이 아니라, 태양계 행성들이 마침 탐사하기에 절묘한 위치를 지나고 있었기에 가능했다. 태양계 외곽의 가스 행성들이 마침 순서대로 훑어보기에 좋은 위치에 놓여 있었기 때문에 우리는 그 기회를 노려 적은 비용으로 탐사선을 보낼 수 있었다.

하지만 우주시대의 첫 번째 전성기를 상징했던 1세대 탐사선들은 모두 미션을 끝냈거나, 겨우 신호만 보내오고 있다. 토성 구름 속으로 카시니가 추락한 이후, 현재 토성 곁을 지키는 탐사선은 한 대도 없다. 천왕성과 해왕성의 사진도 오래전에 보이저 2호가 근처를 지나가면서 찍었던 사진이 전부다. 그 이후로 우리는 천왕성과 해왕성의 실제 모습을 업데이트하지 못했다. 우리 기억 속에 남아있는 태양계 외곽의 모습은 여전히 50년 전에 머물러 있다.

왜 우리는 그때만큼 우주에 열정적이지 않을까? 그 사이 우주 탐사 기술은 더욱 발전했지만, 우주에 대한 열망은 식은 걸까? 나는 우리가 다시 오만해졌기 때문이라 생각한다. 빠르게 발전하는 우주시대의 첫 번째 전성기를 보내면서, 우주에 대해 많은 것을 알게 되었다는 착각에 빠졌다. 그리고 우주의 광막함 속에서 지루함과 권태를 느끼기 시작했다. 달에 우주인을 보내기 위해 고군분투 준비하는 과정은 흥분되는 시간이었지만 막상 달에 가보니 잿빛의 황량한 사막뿐이었다. 몽상가들의 꿈의 무대였던 달은 순식간에 지루한 세계로 전락했다.

우주는 너무 넓다. 그래서 우주선을 타고 아무리 오래 항해해도 풍경은 거의 바뀌지 않는 것처럼 보일 수 있다. 우주여행은 기본적으로 지루함을 동반한다. 달 지평선 위에서, 화성의 하늘에서, 토성과 천왕성 너머에서 바라본 지구의 모습도 이젠 익숙하다. 그런 사진을 하도 많이 본 탓인지, 이제는 '창백한 푸른 점' 같은 사진을 봐도 딱히 별다른 감흥이 느껴지지 않는다. 우주 전체에 비하면 지구가 먼지 한 톨도 되지 않는 작은 행성이라는 건 이제 당연한 상식이다. 지구가 둥글다는 사실처럼 전혀 특별하게 느껴지지 않는다.

아이러니하지 않은가. 인간은 건방지다. 바다로 나아가기 전까지 망망대해는 두려움과 꿈이 가득한 신비의 세계였다. 하늘을 날기 전까지, 하늘은 몽상가들의 꿈이 펼쳐지는 무대였다. 하지만 바다와 하늘을 마음껏 누비는 시대가 도래하자 인류는 오히려 실망했다. 배와 비행기에서 내리는 순간만 기다리며 지루해한다. 이제 겨우 태양계 행성 몇 개 돌아다닌 주제에 우주를 다 알고 있는 것처럼 허세를 부린다.

앞서 보았듯 우리는 지구를 떠나 먼 곳에서 지구를 바라볼 때에야 비로소 잊고 지냈던 인류애, 연대감, 현실의 소중함을 되찾곤 한다. 그러나 이런 극적인 경험에 지나치게 의존하는 방식은 오래갈 수 없다. 우주는 끝없이 넓어 보이지만, 일정 거리 이상을 벗어나면 풍경은 크게 달라지지 않고 실제로 인류가 탐사할 수 있는 영역도 제한적이다. 결국 외부의 자극이 부족해지는 순간 우리는 다시 무감각해질 수밖에 없다. 그래서 더 멀리 나아가기 위해서는 새로운 장면을 보여주는 우주가 아니라 우주를 통해 자기 자신과 지구의 의미를 스스로 되짚어볼 수 있는 감수성, 즉 내부에서 함양한 천문학적 시야가 필요하다.

탐사선이 계속 먼 우주를 향해 나아가도 그 추진력의 근원은 언제나 지구에 있다. 우리가 그 사실을 성찰하지 못한다면 인류의 위대한 탐험도 결국 한때의 자극에 머물고 말 것이다. 모든 선미의 불꽃이 항상 지구를 향해 빛나고 있다는 사실을 기억하자.

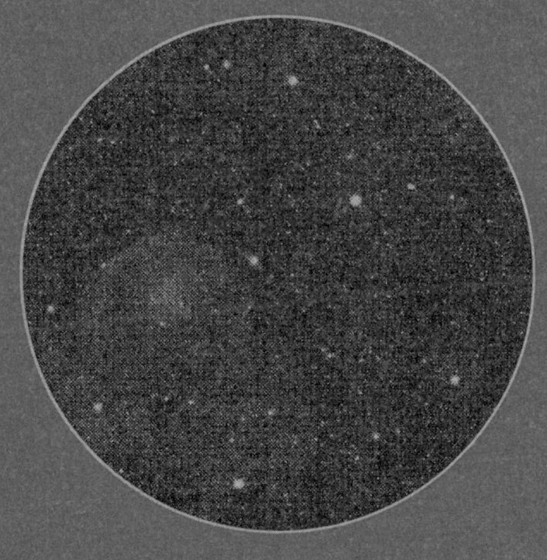

9장

실험할 수 없는 과학

: 그 모든 희생에도 지구를 벗어나지 못했다

"굽이진 해안선에도, 모래 한 알에도,
지구의 이야기가 깃들어 있다."

_레이첼 카슨 Rachel Carson

연구자이자 교육자로 일하는 나는 직장인 학교에 딱 하나 불만이 있다. 나는 천문학 '연구자'다. 연구자들은 분기마다 학교에서 진행하는 실험실 안전 교육이라는 걸 받는다. 옛날에는 강당에 모여서 강의를 듣고 종이 시험까지 봤다고 하는데, 요즘은 그 정도는 아니다. 단체 메일로 날아온 링크를 타고 들어가서 온라인으로 영상을 보고 간단한 객관식 문제를 풀어 제출하면 된다. 방법은 간편해졌어도 귀찮은 건 여전하다. 이게 유독 짜증나는 이유는 내가 실험복을 입기는커녕 실험실을 사용할 일도 거의 없기 때문이다. 우리는 우스갯소리로 천문학 연구자가 사용하는 도구 중 제일 위험한 것은 탕비실에 있는 전자레인지일 것이라 불평한다.

천문학은 과학의 한 분야다. 하지만 실험을 진행하기는 힘들다. 보통 대부분 과학 분야는 가설을 세우고, 그것을 입증하거나 반박하기 위해 실험을 설계한다. 화학자들은 비커에 화학 용액을 혼합하고, 물리학자들은 거대한 실험 장치로 양성자를 가속시켜 충돌시킨다. 생물학자들은 생명체를 배양하고 해부하며, 지질학자들은 암석을 얇게 자르고 현미경으로 들여다본다. 그러면 천문학자는? 구닥다리 고백 멘트로 연인에게 '평생 손에 물을 묻히지 않겠다.'는 표현이 있는데, 연인을 천문학자로 만든다면 그 약속은 지켜질 수 있다.

천문학자에게는 손에 잡히는 실험이 허락되지 않는다. 연구해야 하는 별과 은하가 너무 멀리 있고 거대하기 때문이다. 연구 대상을 비좁은 방에 가둬놓고 맘껏 괴롭히지 못한다. 나도 마음이야 별을 몇 마리 잡아와서, 찔러보고, 돌려보고, 잘라보고 별의별 짓을 다 하고 싶다. 하지만 안타깝게도 천문학자들에게 실험은 그림의 떡이다. 연구 주체인 인간이 연구 대상인 우주에 갇혀 있다. 보통 사람들은 과학이라고 하면 인간이 주도적으로 실험을 설계하고, 자연을 정복해나가는 능동적인 과정을 떠올린다. 하지만 천문학은 다르다. 원하는 대로 우주를 조작할 수 없다. 대신 우주가 보여주는 모습을 통해 우주의 일부를 이해할 뿐이다. 날씨가 조금이라도 흐리면 그 순간의 우주를 그대로 놓치게 된다. 애석하지만 하늘이 관측을 허락하지 않는다는 사실을 받아들여야 한다.

지난 수천 년간 천문학은 크게 달라지지 않았다. 관측 도구가 좋아졌을 뿐이다. 고대 그리스 로마 시절에는 망원경도 없이 맨눈으로만 우주를 봤다면, 이제는 값비싼 우주망원경이 상공에서 촬영한 우주를 초고해상도로 보여준다. 별을 관측하는 눈동자의 크기가 5밀리미터에서 6.5미터로 커졌을 뿐, 밤하늘을 하염없이 바라보며 우주가 내어주는 단서를 기다려야 하는 무력함은 그대로다. 그리고 이렇게 밤하늘을 올려다보는 행위를 우리는 조금 있어 보이게 '관측'이라고 말한다. 밤하늘에서 반복되는 규칙과 패턴을 찾는다. 또는 기존의 법칙에서 예상치 못한 변칙적인 현상을 발견하기도 한다. 그러고 나면 그 모든 현상을 설명하는 일관된 수학적 가설을 만든다. 그중 무엇이 맞고 틀린지 검증하기 위해 추가 관측을 진행한다. 천문학은 이처럼 실험이 제한되고 관측이 주가 되는 독특한 과학 분야다.

　실험하지 못한다는 현실이 갑갑하게 느껴질 때가 있다. 이 일로 생계를 유지하고 있지만, 가끔은 나 자신도 내가 연구해온 은하들이 존재하지 않을 수도 있다는 의심이 든다. 모든 게 허상이 아닐까? 은하가 있다고 여겼던 곳으로 날아가면 그곳에 아무것도 없는 게 아닐까? 컴퓨터 모니터를 통해 보고 있는 이 은하에서는 어떤 냄새가 날까? 별과 별 사이의 공간을 손으로 휘젓는다면 손끝에는 무엇이 느껴질까? 나는 아무것도 느끼지 못한다. 우주 관측은 인간의 다섯 가지 감각 중에서 단 하나, 시각에만 의지해야 한다. 천문학자들은 손과 발을 모두 묶고 입과 코까지 모두 틀어 막은 채 눈만 꿈뻑이면서 우주를 바라보는 신세다.

천문학자여서 다행인 순간

그런데 내가 실험할 줄 모르는 과학자라는 사실이 다행스러 웠던 적이 있다. 한 번은 의대 연구실에서 일하는 친구를 만났다가 우연히 의대 건물 앞에서 피켓을 들고 시위하는 사람들을 보게 되었다. 동물권을 위해 활동하는 사람들이었다. 그들이 들고 있던 피켓에는 각종 실험으로 희생당한 동물들의 처참한 사진이 적나라하게 붙어 있었다. 그리고 동물 실험에 적극적으로 반대하는 목소리로 날카로운 구호가 들려왔다. 실험을 해본 적이 없는 내게는 낯선 풍경이기도 했다. 내 친구는 가끔 보는 익숙한 풍경이고 했다. 생물학에서는 인간을 위한 동물의 희생을 요구한다. 인간과 유전적으로 비슷한 돼지, 생쥐가 주로 희생양이 된다. 새로운 생물학적 성과는 동물 실험에서 먼저 안전성과 효능을 입증하고, 또 까다로운 검증 과정을 거친 끝에 인간에게 적용된다.

약을 구성하는 화학 분자의 구조와, 바이러스의 생물학 기제를 모두 이해하게 된다면 동물 실험은 역사 속으로 사라지게 될까? 친구는 그렇진 않을 거라고 답했다. 이론적 모델만으로는 약이 가져다줄 효능과 부작용을 담보할 수 없기 때문이다. 특히 생물학 분야 중에서도 의학은 사람의 생명을 다룬다. 논문은 무심하게 치료 가능성이나 치사율과 같은 통계학적 단어를 사용하겠지만, 환자 개개인에게는 죽고 사는 문제다. 모든 리스크를 최소화하기 위해서 결국 의학 연구자들은 동물을 대상으로 한 중간 검증 단계를 거치게 되었다. 동물 실험이 윤리적 문제를 떠안을 수밖에 없는 주요한 원인은 동물들의 의사를 확인할 방법이 없다는 데 있다. 동물들은 무얼 하는지도 모르는 채로 검증되지 않은 약물을 투여받는다. 현대 의학의 태생적인 한계로 인해 거쳐야 하는 연구의 절차지만, 지구에서 그들과 함께 살아가는 생태계의 일원으로서 숙고하게 되는 문제다.

쓸쓸하게 커피를 마시는 친구의 모습을 보면서, 나는 속으로 내가 천문학을 해서 참 다행이라는 생각이 들었다. 우리가 망원경으로 별과 은하를 조준하고 몰래 바라본다고 해서 그들이 부끄러워하거나 고통스러워하지 않으니까. 나의 사소한 연구 행위가 연구 대상의 불행으로 이어질까 걱정할 필요가 없다. 참 마음 편한 과학이지 않은가? 천문학의 수동성은 한편으로는 안도감을 준다. 또 그래서 천문학은 사람들에게 놀림받는다. 지구 바깥 수천만, 수억 광년 거리에 떨어진 별과 은하를 연구하는 터라 우리 삶에 아무 쓸모없는 과학이라고 말이다. 돈이나 축내는 분야라고 비판받는다. 하지만 역설적이게도 바로 그 덕분에 천문학은 우리 삶에 별다른 해악을 끼치지 않는다. 무익하지만 무해하다.

우주 연구의 희생양이 없었던 건 아니다. 천문학은 아니지만, 살아 있는 생명체를 지구 대기권 바깥으로 보내기 위한 우주개발의 역사 속에서 많은 동물이 희생되었다. 사람 이전에 하늘에 동물을 보낸 일은 1783년 프랑스까지 거슬러 올라간다. 당시 프랑스의 발명가 몽골피에Montgolfier 형제는 베르사유 궁전에 모여 있는 군중들 앞에서 한 실험을 선보였다. 광장 한가운데에는 형제가 만든 거대한 열기구가 있었고 그 안에는 양과 닭, 오리 등 다양한 지상 동물을 태웠다. 열기구는 1,000미터 상공까지 올라갔고 10분 동안 비행을 마친 후 땅으로 내려왔다. 그 안에 있던 동물들은 다행히 무사했다. 지상 동물을 강제로 하늘 위로 날려 보낸 최초의 시도였다.

1957년 11월 3일, 소련은 작은 캡슐을 쏘아 올렸다. 인류 최초의 인공위성 스푸트니크Sputnik의 성공이 미국 시민들에게 소련과의 우주 경쟁에서 뒤쳐졌다는 큰 공포를 안긴 직후였다. 캡슐 안에는 모스크바를 떠돌던 강아지가 타고 있었다. '라이카'라는 별명으로 더 잘 알려져 있지만, 그것은 '강아지'라는 뜻의 러시아어고 실제 이름은 쿠드랴프카Kudryavka 다. 러시아어로 '털이 곱슬거린다'는 뜻이다.

라이카가 선택된 이유 중 하나는 뜻밖에도 라이카의 몸이 하얀 털로 덮여 있었기 때문이다. 당시에는 캡슐 내부를 흑백 카메라로 촬영했는데, 털 색깔이 하얀색이어야 라이카의 움직임을 더 쉽게 분간할 수 있었다.

라이카는 비행 중 사망했다. 당시 소련은 라이카가 지구 저 궤도에 오른 뒤 약물을 먹고 편안하게 잠들었다고 발표했지만, 나중에 밝혀진 진실은 참혹했다. 라이카는 발사 직후 7시간 만에 눈을 감았다. 비행 과정에서의 뜨거운 열과 진동이 심했고, 장비가 고장나면서 충분한 산소가 공급되지 않아 그대로 질식사한 것으로 추정한다. 더 슬픈 사실은 애초에 소련의 과학자들은 라이카를 지구에 생환시킬 생각 자체가 없었다는 점이다. 캡슐 안에는 고작 열흘을 버틸 식량만 있었다.

미국과 소련의 냉전의 분위기 속에서 동물의 희생은 이어졌다. 1961년 1월 31일 미국 플로리다의 케이프 커내버럴^{Cape Canaveral} 발사장에서 '머큐리–레드스톤^{Mercury-Redstone} 2' 로켓이 지구를 떠났다. 그 안에는 최초의 우주 영장류, 침팬지 햄^{Ham}이 타고 있었다. 햄은 상공 250킬로미터까지 도달했다. 우주선 캡슐은 약 16분의 짧은 시간 동안 지구 주변을 선회했고, 곧바로 태평양 바다로 돌아왔다.

비좁은 캡슐 안에서 햄의 눈앞에는 불빛이 반짝이는 램프가 있었다. 햄은 불빛이 켜지면 5초 정도 손에 쥐고 있던 레버를 당기는 훈련을 받았다. 레버를 당기지 않으면 햄에게 전기 충격이 가해졌고, 레버를 당겨야 햄이 좋아했던 바나나 조각이 하나씩 나왔다. 이 끔찍한 작업은 지구의 관제실에서 통제했다. 햄은 지구 중력의 손아귀에 다시 잡히기 전까지 레버를 당기는 작업을 성실하게 수행했다. 우주공간에서 햄은 인지능력이 미세하게 둔해졌을 뿐 별다른 문제를 보이지 않았다.

이 실험을 통해 NASA의 과학자들은 중력이 약한 환경에서도 동물의 인지능력이나 운동능력에 큰 문제가 생기지 않는다는 사실을 검증했다. 실제 사람을 우주에 보낼 수 있게 된 것이다. 햄은 이후 국립동물원에 머물다가 1983년 26세의 나이로 세상을 떠났다.

실험 직후에 미국 언론은 햄을 유인 우주여행의 가능성을 보여준 영웅이라고 칭송했다. 햄은 의도치 않게 소련에 뒤쳐져 있던 미국 우주개발의 자존심을 지켜줄 수 있는 국가의 영웅이 되어 있었다. 침팬지 햄의 이야기는 영화 '혹성탈출'을 비롯한 많은 SF 작품에 영감을 주었다. 햄은 엠파이어스테이트 빌딩에 올랐던 킹콩보다 더 높은 곳에 올라간 영장류다. 호모 사피엔스라는 또 다른 영장류가 우주로 향한 건 햄의 비행이 있고 두 달 반이 지난 후였다.

"쫄지 마."
___

자동차 회사에서는 신차가 얼마나 튼튼한지 확인하기 위해 충돌실험을 한다. 차 안에는 마네킹의 일종인 더미가 탄다. 목덜미에 검은색과 노란색의 둥근 문양이 그려진, 아무 표정 없는 인간의 분신이 충돌을 기다린다. 자동차에 큰 충격이 가해진 뒤 힘없이 운전석에서 허우적거리는 더미의 모습은 왠지 안쓰럽게 느껴진다. 이런 실험은 우주개발에서도 이어졌다.

소련은 유리 가가린Yuri Gagarin의 첫 유인 궤도 여행에 앞서 실제 사람 크기의 마네킹에 우주복을 입혀서 우주로 보내는 보스토크Vostok 프로그램을 진행했다. 1961년 4월 발사된 '카라비-스푸트니크Karabi-Sputnik 4호' 안에 타고 있던 마네킹에겐 이반 이바노비치Ivan Ivanovic라는 이름이 붙었다. 이바노비치는 혼자가 아니었다. 마네킹 안에는 약 60여 마리의 다양한 동물이 실렸고, 그중에는 생쥐와 기니피그, 파충류가 있었다. 그리고 그 옆에는 러시아어로 검은 열쇠를 뜻하는 체르뉴시카Chernushka라는 이름의 또 다른 우주 강아지가 함께했다.

우주선의 가속도를 사람의 신체가 잘 버틸 수 있을지 확신할 수 없었던 소련의 과학자들은 마네킹 안에 가속도와 회전 속도의 변화를 감지하는 센서를 함께 넣었다. 또 지구와 교신이 끊기지 않고 잘 이뤄질 수 있는지 점검하기 위해서, 마네킹 속에 포크송이 흘러나오는 라디오를 함께 집어넣었다. 관제실에서 과학자들은 마네킹의 뱃속에서 울리는 음악 소리를 들었던 것이다. 한 가지 재밌는 뒷얘기가 있다. 당시 소련의 과학자들은 캡슐이 지구로 귀환했을 때, 민가에 떨어지지 않을까 걱정했다. 만약 주민이 캡슐을 열고 우주복 차림의 마네킹을 발견한다면 깜짝 놀랄 수 있다고 생각했고, 겁먹지 않도록 이바노비치의 헬멧 위에는 러시아어로 더미를 뜻하는 'MAKET'이라는 글씨를 크게 써놓았다.

마네킹을 우주로 보내는 퍼포먼스는 지금도 계속되고 있다. 2018년 일론 머스크가 운영하는 항공우주 기업 스페이스X는 우주복을 입은 마네킹을 화성 궤도로 보내는 시도를 진행했다. 새롭게 개발한 '팰컨 헤비Falcon Heavy' 로켓의 성능을 검증하기 위한 우주 퍼포먼스였다. 일론 머스크가 호언장담한 화성 유인 탐사용인 이 로켓은 지구에서 화성까지 한 번에 날아갈 수 있는 강력한 추력을 갖고 있었다.

시험 발사 당시에 대중들은 머스크의 괴짜 같은 면모를 볼 수 있었다. 로켓의 끄트머리에는 인공위성이나 탐사선이 아니라, 새빨간 테슬라 로드스터Roadster 스포츠카가 실렸다. 그리고 운전석에는 마네킹이 스페이스X가 직접 디자인한 우주복을 입고 오픈카의 차 문에 한 팔을 걸친 채 앉아 있었다. 이 마네킹은 스타맨Starman이라는 별명을 갖고 있다. 데이비드 보위David Bowie의 음악 '스타맨'에서 따온 이름이다. 운전석 앞의 글러브박스에는 SF 소설 《은하수를 여행하는 히치하이커를 위한 안내서》 사본과 "쫄지 마Don't panic"라는 책의 문구가 새겨진 수건이 있었다. 로드스터가 화성으로 가는 여정 내내 자동차의 주크박스에서는 데이비드 보위의 '스페이스 오디티Space Oddity'가 흘러나왔다.

마네킹이 로드스터를 화성 표면에 예쁘게 주차했다면 좋았겠지만, 아쉽게도 지금은 우주를 누비고 있다. 로드스터는 태양을 중심으로 화성과 비슷한 궤도를 따라 돌고 있다. 화성 궤도를 맴도는 자동차 모양의 인공 소행성이 탄생한 셈이다. 태양을 가장 가까이 지나는 근일점에서 로드스터는 최대 시속 12만 킬로미터로 우주공간을 질주한다. 세계적인 고속도로, 독일 아우토반Autobahn에서도 뽐낼 수 없는 어마어마한 속도다. 스타맨은 태양계에서 가장 빠른 레이서가 되었다.

이런 실험에도 불구하고 우주에서 끔찍한 사고와 희생은 끊이지 않았다. 그럼에도 지구 중력을 벗어나 우주로 나아가고자 하는 인류의 욕망은 잠재우지 못했다. 오히려 더 용감하고 무모한 도전을 이어갔다. 1965년 3월 18일, 소련의 우주인 '알렉세이 레오노프Aleksey Leonov'는 대담한 시도를 했다. 우주복만 입은 채 우주선 바깥으로 나가서 우주공간을 부유하는 우주 유영을 최초로 시도한 것이다.

이 시도는 그의 목숨을 앗아갈 뻔했다. 이전까지 우주 유영에 대한 경험은 전무했기 때문에, 우주복만 입은 채로 우주공간에 나갔을 때 벌어질 수 있는 문제를 알지 못했다. 우주선 실내에서는 기압을 조절할 수 있었지만, 우주공간에 나가자마자 레오노프의 우주복은 크게 부풀기 시작했다. 우주복이 너무 빵빵해진 바람에 가슴팍에 부착된 카메라 셔터에 손을 대기도 어려울 정도였다. 우주복 내부의 압력이 빠르게 낮아지면서 레오노프 몸속의 혈액도 끓어오르기 시작했다. 피부에 땀방울도 맺혔다.

예상치 못했던 문제로 몸을 가누기 어려웠던 레오노프는 서둘러 우주선으로 돌아가기 위해 몸부림쳤다. 하지만 너무 크게 부풀은 우주복 때문에 고작 1.2미터 지름의 우주선 출입구도 통과하지 못했다. 결국 레오노프는 목숨을 건 마지막 시도를 했다. 우주복 속의 공기를 빼내기 위해서 밸브를 살짝 열었다. 우주복에 남아 있는 산소량을 잘못 계산하면, 우주선에 돌아가기도 전에 숨이 막혀서 더 큰 위험에 빠질 수도 있는 위험한 시도였다. 다행히도 우주선 출입구 안으로 들어왔지만, 다른 문제가 발생했다. 무리해서 출입구 해치를 여는 과정에서 그만 우주선이 통째로 중심을 잃고 빙글빙글 돌기 시작한 것이다. 우주선의 자세 제어 장치도 말을 듣지 않았다.

동승자였던 파벨 벨랴예프Pvel Belyayev가 우주선을 수동으로 조정해서 지구로 돌아왔지만, 예상 착륙지를 한참 벗어난 수풀에 불시착했다. 안도할 새도 없이 두 사람은 늑대와 곰의 울음소리를 들었다. 그들은 구조대가 자신들을 찾아줄 때까지

맹수가 도사리는 어두운 숲속에서 캡슐에 갇혀 있어야 했다. 이런 선구자들의 무모하고 용감한 시도 덕분에 우리는 우주에서 무엇을 조심해야 할지, 또 그런 위험을 어떻게 미리 막을 수 있을지를 고민했다. 직접 우주 저궤도에 올라서 허블 우주망원경을 수리하고, 달에 발자국을 남기고 오는 등의 모든 우주개발의 역사는 레오노프를 비롯한 이들의 끔찍한 경험 덕분에 가능했다.

그런데 우리가 개발하고 있는 우주는 어떤 우주일까? 스페이스, 유니버스, 코스모스, 이 세 단어는 모두 우리말로 '우주'로 번역된다. 하지만 사실 각 단어의 의미에는 차이가 있다. '스페이스'는 인간이 직접 방문하거나, 적어도 탐사 로봇으로 건드릴 수 있는 우주를 말한다. 우주 냉전이 한창이던 반세기 전만 해도 스페이스는 고작 지구 주변 대기권 안팎, 그리고 달 정도가 전부였다. 그런데 어느새 우리는 명왕성 너머 태양계 끝자락까지 탐사선을 보내는 문명이 되었다. 우리의 스페이스는 태양계 정도까지는 아우른다고 볼 수 있다. 우주개발을 말할 때의 '우주'는 바로 스페이스다. 가지도 못하는 우주를 개발할 수는 없다.

갈 수 없으나 볼 수는 있는 우주는 '유니버스'다. 유니버스는 우주의 모든 물질로서 존재를 의미한다. 별과 은하들이 유니버스다. 이런 존재가 작동하게 하는 다양한 물리법칙들, 힘과 에너지도 유니버스다. 굳이 구분을 지어서 말하면 우주 공학자의 주무대는 스페이스고, 천문학자의 주무대는 유니버스라고 볼 수 있다.

마지막으로 '코스모스'는 과학적인 개념이라고 하기 어렵다. 유니버스가 물질로서 존재를 이야기한다면, 코스모스는 한 발짝 더 나아가서 물질이 아닌 개념까지를 아우른다. 모든 지구 생명체, 어딘가 숨어 있을지 모르는 외계 생명체의 감정과 이념, 생각과 같은 것을 포함한다. 그래서 코스모스는 단순히 '우주'라고 번역하기 보다는 '삼라만상森羅萬象' 정도로 옮기는 게 적합하다. 우주가 아무리 넓다지만, 인간이 직접 누리고 향유할 수 있는 범위는 고작 '스페이스'다. 우리에게 허락된 우주는 유한하다. 유니버스를 논하며 우리에게 무한한 스페이스가 허락되었다고 여기는 건 한심한 착각이다.

우리가 여전히 지구의 품을 벗어나본 적이 없다는 암담한 현실을 생각하면, 마치 우주가 우리를 비웃는 듯한 기분이 든다. 과연 인류는 고향을 벗어날 수 있을까? 또 다른 행성으로 진출하는 꿈은 이뤄질 수 있을까? 그게 노력한다고 되는 일일까? 넓은 우주가 우리에게 무심하게 던지는 질문 앞에서 나는 무력감을 느낀다.

하지만 한편으로는 우주의 막대한 스케일에 위로받을 수 있을지도 모르겠다. 다른 행성으로 진출하는 꿈을 이루지 못하더라도 그건 우리가 부족해서가 아니라 단지 우주가 너무 넓기 때문에, 우주가 너무 불친절하기 때문이라고 변명할 수 있을 테니 말이다.

10장

못생겨지는 병

: 겉모습은 배신한다

“현재는 과거의 결과이자,
미래의 원인이다.”

_피에르시몽 드 라플라스 Pierre-Simon de Laplace

나는 못생겨지는 병에 걸린 적 있다. 병의 증상은 정말로 '외모의 변화'였다. 대학 시절부터 동아리 활동을 계기로 친하게 지내는 형이 있다. 그는 오랜만에 만날 때마다 내가 못생겨지고 있다고 말했다. 계속 턱도, 코도 커지고 있다며 혹시 내 신체에 이상이 있는 건 아닌지 검사를 받아보라고 했다. 거의 한 1년 내내 그런 소리를 해댔다. 처음에는 나를 놀린다고 생각했다. 사람이야 나이를 먹으면 어렸을 때에 비해 못생겨지고 늙는 게 당연한 거 아닌가.

나이 들면서 살이 찌고 어렸을 때의 날카로운 턱선이 사라지는 정도라 생각했다. 하지만 잔소리가 1년 내내 이어지자 나도 거울을 볼 때 얼굴이 신경 쓰이기 시작했다. 정말 지난 몇 년 사이 외모가 많이 변한 것처럼 느껴졌다. 형의 말 때문인지 유난히 턱과 코의 변화가 심하게 느껴졌다. 결국 나는 형의 조언에 따라 병원에 방문했다.

사실 얼굴이 조금 변했다고 병원을 찾아온 게 민망하게 느껴졌다. 신체에 기능적인 문제가 생기거나 통증이 있었던 게 아니니 말이다. 의사 앞에서 부끄러웠다. 하지만 의외로 의사는 꽤 진지한 표정으로 얼굴을 살폈다. 그리고 내 손가락도 유심히 들여다봤다. 그러고는 키와 덩치에 비해 확실히 손가락이 좀 두꺼운 것 같다면서 정밀 검사를 제안했다. 흔히 '말단비대증'이라는 이름으로 더 잘 알려진 뇌하수체 종양일 가능성이 있다는 것이다. 이 종양을 가진 사람들의 몸에서는 성장호르몬이 과도하게 분비된다. 성장기가 다 지난 성인의 경우 턱과 코, 그리고 손가락, 발가락과 같은 몸의 마디 끝이 계속 두꺼워지고 성장하는 증상을 보인다. 또 이마도 앞으로 튀어나올 수 있다. 몸에 통증이나 기능 장애를 유발하지는 않지만, 얼굴에는 흔적을 남긴다. 외모의 변화가 이 병의 유무를 판단할 수 있는 확실하고 유일한 단서인 셈이다.

뇌하수체 종양을 확실하게 판단하기 위한 의학적인 검사를 더 받았다. 이를 위해 아주 맛없는 설탕물도 한 병 원샷했다. 이것이 병원의 단맛이구나, 하는 생각이 들 정도로 맛없었다. 단맛도 맛없을 수 있다는 사실을 처음 알게 된 순간이었다. 일반적인 상황에 당을 섭취하고 시간이 지나면 저절로 성장 호르몬이 억제되지만, 뇌하수체 종양이 있을 경우 성장 호르몬은 억제되지 않고 계속 과다분비된다고 한다. 아무튼 나는 그 상태로 침대에 누워 성장 호르몬의 분비량을 검사하기 위해 30분 간격으로 피를 뽑았다. 검사 결과, 당황스럽게도 내 몸은 성장 호르몬을 전혀 억제하지 못하고 있었다. 결국 CT 촬영까지 하게 되었고, 내 머릿속 한가운데 숨은 종양과 마주하고 말았다.

은하의 관상

종양의 크기는 대략 5센티미터 가량 되었는데, 의사의 말에 따르면 크기가 상당했다. 내가 대학교에 갓 입학했을 때부터 종양이 성장했던 것 같았다. 종양 덩어리가 무려 10년 동안 나와 함께했던 것이다. 게다가 하필이면 종양이 뇌동맥 바로 옆에 붙은 상황이라, 수술 난이도가 상당히 높아 보였다. 최악의 경우 종양을 제거하려다 동맥을 잘못 건드려 사망에 이를 수도 있기에 완벽한 제거는 포기해야 할 수도 있었다. 으레 병원에서 수술 시 통보하는, 아주 낮은 확률로 벌어질지 모르는 최악의 불상사를 논하는 분위기는 아니었지만 의사의 표정은 심각했다.

뇌하수체 종양 제거 수술의 과정은 꽤나 괴롭다. 뇌하수체는 뇌의 한가운데, 외부에서 접근하기 어려운 곳에 숨어 있다. 이쯤까지 들으면 사람들은 소위 '머리 뚜껑을 따는 수술'을 상상할 테고 나도 그랬다. 하지만 다행히 그런 끔찍한 수술 대신 콧구멍을 통해 뇌하수체를 건드리는 수술이 집도되었다. 의사들은 전신마취로 나를 잠재우고 양쪽 콧구멍에 집게와 수술도구를 넣어서 종양을 세심하게 긁어냈다. 수술이 끝난 이후로도 나는 엄지손가락 두께의 한 세 배쯤 되는 아주 두꺼운 거즈를 양쪽 콧구멍에 집어넣고 며칠을 버텨야 했다. 냄새도 맡을 수 없으니 그렇지 않아도 맛없는 병원 밥이 더 맛없게 느껴졌다. 재채기라도 잘못하면 아직 굳지 않은 뇌 혈관이 터져서 재수술을 받아야 했기에, 코에 간지러운 느낌이 들 때마다 입을 틀어막고 조심스럽게 재채기를 흘려보내기 위해 노력했다. 다시는 겪고 싶지 않은 시간이었다.

이후에는 처음에 6개월에 한 번 가던 병원을 지금은 1년에 한 번 간다. 갈 때마다 CT를 찍는다. 혹시 수술 과정에서 미처 다 떼지 못한 종양이 다시 세력을 키워 성장호르몬을 뿜고 있지는 않나 감시하기 위해서다. 다행히 아직까지 종양이 되살아났다는 조짐은 없고 않았다. 물론 내년에도, 내후년에도, 지속해서 머릿속을 뒤져봐야 한다.

내 외모를 지적하며 병원 방문을 권유했던 그 형을 생명의 은인이라 생각하며 살고 있다. 형의 말을 더 일찍 진지하게 여기지 않았던 걸 후회한다. 일찍 서둘러 병원에 가서 검사를 받았더라면 내 턱과 코가 더 성장하기 전에 악화를 멈추고 어린 시절의 날카로운 턱선을 조금 더 유지할 수 있었을 텐데.

얼굴로 무언가를 판단하는 기술 중에는 '관상' 평가가 있다. 물론 내 외모의 변화를 통해 뇌하수체 종양을 의심한 걸 관상을 봤다고 할 수는 없다. 보통 대중 매체에 등장하는 관상가들은 사람의 눈매, 콧등, 광대와 같은 외형적인 특징으로 성정뿐 아니라, 미래의 운명까지 내다볼 수 있다고 말한다. 생김새가 운명에 영향을 주는 원인으로 작동한다.

나는 과학자로서 관상을 믿지 않는다. 외모의 변화는 뇌하수체에 종양이 자랐기 때문에 벌어진 결과이지, 내가 그러한 병에 걸릴 운명이라는 걸 보여주는 원인이 아니다. 내 사례를 근거로 관상이 과학이라고 주장하는 건 인과관계를 뒤틀어버린 엉터리다. 하지만 그럼에도 많은 사람들이 관상에 과학적인 맥락을 기대한다. 130억 년 전 빅뱅 직후 우주의 모습까지 들여다볼 수 있게 된 지금도, 우리 문명에는 미신이 사라지지 않았다. 인류가 미신에 의지하는 이유 중 하나가 있다. 바로 우리가 게으르다는 사실이다.

실상을 겉모습으로 추론하고 파악하려는 습성은 비단 관상뿐 아니라 다양한 분야에서 발견된다. 천문학도 마찬가지였다. 20세기가 되면서, 밤하늘 곳곳에서 다양한 모습으로 뿌옇게 퍼지고 소용돌이치는 별 구름^{star cloud} 조각들이 발견되기 시작했다. 어떤 구름은 선명한 나선 모양의 소용돌이를 그렸고, 어떤 구름은 둥글게 뭉쳐 있는 모습을 연출했다. 천문학자들에게 그들을 구분할 수 있는 유일한 단서는 생김새뿐이었다. 그렇게 천문학자들은 별 구름 분류 체계를 만들어갔다.

그런데 1920년대에 에드윈 허블은 작은 별 구름 조각들이 실은 우리 은하수보다도 멀리 떨어진 별개의 은하라는 사실을 밝혀냈다. 그러고 보다 세밀하게 은하들의 생김새에 따라, 은하의 종류를 구분하고 이름을 붙였다. 별들이 나선 모양으로 휘감겨 납작한 원반을 이루고 있는 경우는 '나선 은하', 또는 '원반 은하'로 분류했다. 또 중심의 별들이 분필처럼 기다란 막대 모양으로 분포하는 경우가 있었는데, 허블은 막대가 없는 경우를 '정상 나선 은하', 막대가 있는 경우를 '막대 나선 은하'로 분류했다. 그리고 정상 나선 은하와 막대 나선 은하 모두에 대해서, 나선팔이 얼마나 타이트하게 휘감겼는지로 단계를 나누었다. 이들과 달리 별다른 세부가 없이 둥글고 펑퍼짐하게 별들이 모인 은하를 '타원 은하'라고 칭했다. 나아가 타원 은하가 얼마나 둥근지, 양쪽으로 얼마나 길게 찌그러져 있는지를 기준으로 분류를 더 확장했다.

이렇게 허블은 은하들의 생김새를 하나의 시퀀스로 보는 새로운 개념을 도입했다. 가장 왼쪽에는 거의 완벽한 원에 가까운, 가장 동그란 타원 은하를 배치한다. 그리고 오른쪽으로 가면서 양쪽으로 점점 더 찌그러진, 납작한 타원 은하들을 단계별로 배치한다. 거의 원반에 가까울 정도로 가장 납작하게 찌그러진 타원 은하까지 배치하고 나면, 이제 시퀀스는 두 갈래로 갈라진다. 위에는 중심에 막대가 없는 정상 나선 은하가 이어지고, 아래는 막대 나선 은하가 이어진다. 시퀀스가 왼쪽에서 오른쪽으로 전개되면서 은하의 나선팔이 휘감긴 정도는 느슨해진다. 허블이 만든 시퀀스는 오른쪽으로 가면서 두 갈래로 갈라지는 탓에 소리굽쇠를 닮았다. 그래서 이 분류 체계를 허블의 소리굽쇠Hubble Tuning Fork라고 한다.

연인을 제대로 이해하는 법

그런데 허블의 소리굽쇠는 치명적인 오해를 불러일으킨다. 은하가 이 시퀀스를 따라, 왼쪽에서 오른쪽의 모습으로 변모한다는 착각을 불러일으키기 때문이다. 동그란 타원 은하가 진화를 시작해, 별의 분포가 사방으로 흩어져 납작해지고 결국 나선팔이 자라난다. 하지만 나선팔도 사방으로 풀리면서, 느슨한 나선 은하가 된다. 한 은하의 외모 변천사를 보여주는 듯하다.

사실 허블은 (당연한 얘기일지 모르지만) 그렇게 생각하지 않았다. 하지만 그가 만든 소리굽쇠 개념은 많은 천문학자들을 매혹했다. 그래서 한동안 천문학자들은 허블의 소리굽쇠에서 왼쪽에 놓이는 타원 은하를 은하 진화 과정의 초기 단계에 해당하는 조기형 은하Early-type galaxy, ETG라고 불렀다. 또 나선 은하를 은하 진화 과정의 마지막 단계에 해당한다고 생각해 만기형 은하Late-type galaxy, LTG라고 불렀다.

지금에 와서 보면 이 관점은 완전 잘못되었다. 은하는 초기 조건에 따라 바로 타원 은하가 되기도, 나선 은하가 되기도 한다. 다양한 은하들이 동시에 우주에 공존하고 있다. 지금 우주에 존재하는 나선 은하가 타원 은하에서부터 진화해왔다는 주장은 현재 밀림에 사는 원숭이를 붙잡아놓고 수백만 년 동안 지켜보면 언젠가 인간이 될 거라고 말하는 것과 다르지 않다. 실상은 공통 조상에서 갈라진 수많은 가지 중에 하나로서 지금의 원숭이와 인간이 존재한다.

엄밀히 말하면 나선 은하였던 것이 시간이 지나 타원 은하로 변한다는 주장이 맞을 수 있다. 나선 은하가 납작한 별 원반을 유지할 수 있는 건 그 안에서 별들이 일제히 비슷한 방향과 속도로 아주 강하고 일관되게 회전하고 있기 때문이다. 타원 은하에 사는 별들은 제각기 다른 방향으로 은하 중심 주변을 맴돈다. 난잡하게 벌집 주변을 맴도는 벌떼와 같다. 벌 한 마리씩 따로 보면 벌집 주변을 그냥 맴돌고 있지만, 떼거지로 모아 보면 불규칙한 움직임이 누적되어서 벌들이 둥글게 모인 한 덩어리처럼 보인다. 타원 은하의 별들도 이처럼 난잡한 궤도로 뒤섞여 있다. 그래서 타원 은하가 별들이 모여 이루어진 거대한 주먹밥처럼 보이는 것이다. 보통은 가만히 있던 나선 은하가 저절로 타원 은하로 변하지는 않지만, 우주의 빈번한 사건 중 하나인 '은하간 충돌'로 인해 나선 은하가 타원 은하로 변하는 일은 자주 벌어진다.

원래는 뚜렷한 나선팔과 별 원반을 갖고 있던 나선 은하도 격렬한 충돌이 발생하면 별들의 궤도가 불규칙하게 뒤섞인다. 일관된 회전 운동 습성은 사라지고, 타원 은하가 되는 것이다. 앞에서 소개했듯 우리 은하와 안드로메다은하도 앞으로 70억 년이 지나면 이렇게 될 운명이다. 두 은하 모두 지금은 자신만 의 아름다운 나선팔과 별 원반을 거느리고 있지만 결국 두 은 하는 하나의 거대한 타원 은하가 될 것이다. 허블의 소리굽쇠 를 오른쪽에서 왼쪽으로 거슬러 오르는 꼴이다.

타원 은하를 ETG, 나선 은하를 LTG라고 명명했던 것도 큰 실수였다. 하지만 이미 수많은 논문과 교과서에는 이 표현이 사용됐다. 이제 와서 전부 뜯어고치자니 비용도 만만치 않다. 그래서 천문학자들은 용어를 바꾸는 대신, 마음가짐을 바꾸기 로 결정했다. 타원 은하가 ETG인 이유는 은하 외모 변천사의 초기 단계에 해당하기 때문이 아니라, 우주 전체 역사의 이른 시점부터 진화를 시작해 수많은 충돌과 병합을 거쳐 둥근 모 양이 되었기 때문이다. 나선 은하가 LTG인 이유도 비교적 최근에 탄생한 은하라서 아직 충분한 은하 충돌과 병합을 겪지 못해 나선팔과 별 원반을 유지하고 있기 때문이다. 덕분에 우린 100년 전의 천문학자들이 부르던 것과 같은 이름으로 타원 은하와 나선 은하를 부를 수 있게 되었다. 그 이름에 담긴 의미가 달라졌지만 말이다.

무언가의 생김새, 외형적인 특징에 기반한 분류를 모폴로지morphology, 형태학적 분류라고 이야기한다. 모폴로지는 직관적이다. 은하를 연구할 때도, 나뭇잎을 연구할 때도, 돌멩이를 연구할 때도, 구름을 연구할 때도 가장 먼저 접하게 되는 정보는 외형이다. 하지만 별에서 핵융합 반응이 벌어지고 별들이 상호작용한다는 것을, 나뭇잎 안에서 태양 빛이 포도당으로 변환되는 기적이 벌어지고 있음을, 땅 속의 뜨거운 열과 압력으로 암석이 변형된다는 것을, 지면의 뜨거운 열기가 수증기를 품고 상승해 기상현상을 일으킨다는 것을 현상의 겉모습만으로는 파악할 수 없다. 우주와 자연은 게으름에 실체를 드러내지 않는다.

실제로 현대과학이 자리잡기 전, 각 분과가 태동하던 시절 쓰여진 책들은 '포켓몬스터'에서 모든 포켓몬의 속성을 간단히 설명하고 외적 특징을 기준으로 포켓몬을 분류해둔 '포켓몬 도감' 같다. 대상이 가진 물리적, 화학적인 속성에 대한 분석적인 이해는 없었다. 엄격한 과학자들은 이것을 과학과 구분 지어 박물학^{natural history}이라고 부른다. 실제로 아주 꼰대 같았던 물리학자 어니스트 러더퍼드^{Ernest Rutherford}는 이렇게 말할 정도였다.

"물리학을 제외한 다른 과학은 우표수집에 불과하다."

수학적 이해를 통해 인과관계를 규명하고 대상의 본질을 이해하는 건 물리학으로만 가능하다는, 다른 분야는 대상의 생김새만으로 종류를 구분하고 정리하는 우표수집에 불과하다는 과격한 발언이었다. 여담이지만, 러더퍼드는 이후 노벨물리학상이 아닌 화학상을 받았다.

우리가 한 은하를 제대로 이해하고 싶다면, 역시 확실한 방법은 그 은하가 탄생하고 죽기까지 수백억 년에 달하는 시간을 곁에서 지켜보는 것이다. 사람도 마찬가지다. 새롭게 사귄 친구, 연인을 제대로 이해하고 싶다면 가장 좋은 방법은 그 사람과 시간을 보내는 것이다. 하지만 주어진 시간이 무한하지 않아서인지 우리는 첫인상만으로 마치 나뭇잎이나 돌멩이 보듯, 얼굴 생김새 하나에만 의존해서 그 사람의 모든 걸 다 알아내고 싶어 한다. 그 과정에서 우리는 편견과 오해의 늪에 빠진다. 겉모습만으로 사람을 판단하려는 게으름은 언젠가는 우리를 배신한다. 겉모습은 고작해야 과거의 단편을 조금 보여준다. 거친 피부와 지저분한 수염으로 고된 하루의 흔적을 읽어낼 수 있다. 굳은살이 거의 없는 내 하얀 손을 보고 농사꾼이 아니라고 판단할 수도 있다. 하지만 미래를 내다볼 수는 없다. 누군가가 10년 후에, 20년 후에 어떤 삶을 살게 될지를 알려주는 관상은 없다.

11장

우주 하루살이의 독백

: 가짜에 사로잡힌 찰나의 존재

"지도는 땅이 아니다."

_알프레트 코르집스키Alfred Korzybski

나는 친구들과 약속을 잡더라도 약속 장소에 기본 한 시간은 일찍 가는 편이다. 친구가 도착할 때까지 근처 카페에서 노트북을 펼치고 일한다. 네비게이션으로 목적지까지 걸리는 시간을 확인하고 한 시간을 더해서 이동 시간을 계산한다. 도로가 꽉 막히는 최악의 가능성을 염두에 둔다. 비행기를 타야 할 때는 더 심한데, 적어도 공항에 대여섯 시간은 미리 간다. 심지어 아침 일찍 뜨는 비행기라면 아예 그 전날 늦은 밤부터 공항에서 노숙하면서 기다린다. 그 정도로 일찍 가면 탑승 수속까지도 한참이다. 그래서 공항 카페에서 반나절 동안 일하며 비행기를 기다린다. 한 번은 비행기가 연착되는 바람에 비행기 좌석에 앉기까지 공항에서 하루를 보낸 적도 있다. 항상 남들보다 서둘러 미리 움직이는 초초 계획형 인간이다.

천문학을 깊게 공부하면서 이런 성향이 더 강해졌다. 수천만 년, 수억 년 동안 길고 느린 템포로 변화하는 우주를 연구하다가 불과 며칠, 몇 주 만에 급격히 변하는 인간 세계로 돌아오면 숨이 가쁘다. 우주와 은하의 변화를 연구하는 내게 인간 세계의 변화는 너무 다급하다. 그래서 갑자기 다음 주나 며칠 뒤에 새로운 약속이 잡히면, 나는 그날이 정말 코앞에 다가온 것 같은 불안감을 느낀다. 거의 강박에 가까울 정도로 틈이 날 때마다 캘린더를 확인한다. 내 캘린더에는 단순히 며칠 뒤 수준이 아니라, 1년 뒤, 2년 뒤 일정까지 빼곡하게 채워져 있다. 우주의 템포가 익숙한 내게 그 모든 일정이 얼마 남지 않은 것처럼 느껴진다. 혹시 내가 일정을 깜빡한 건 아닌지 불안해하며 지낸다. 인간 세계에서 벌어지는 모든 일들이 한낱 찰나 같다. 그래서 나는 내가 매일 아슬아슬하게 삶을 연명하는 하루살이 같다. 사람들은 천문학자에게서 우주만큼 여유롭고 차분한 모습을 기대하는데, 난 그 기대에 부응하지 못한다. 나의 강박적이고 급한 성격은 천문학을 하면서 얻은 부작용이다.

여느 날 여느 때처럼, 인간 세계의 숨 가쁜 하루를 마치고 연구실에서 퇴근하던 길이었다. 문득 멈춰 서서 가로등 불빛 아래를 맴도는 하루살이를 지켜봤다. 그 하루살이는 어떤 생각을 하고 있을지 궁금했다. 한번 이런 상상을 해본다. 하루살이는 인간들의 삶이 궁금해지기 시작했다. 대체 저 인간들은 언제, 어떻게 이 세상에 태어났을까? 대체 인간이란 무엇이길래 불빛으로 어두운 밤을 밝게 비추고 있는 걸까? 인간들은 대체 어떻게 나이를 먹고 죽어갈까?

어떤 하루살이가 세상 곳곳을 돌아다니기 위해 힘차게 날갯

짓을 시작한다. 하지만 고작 며칠밖에 살지 못하는 하루살이의 짧은 수명에 비해 인간 세상은 너무 넓다. 100년을 사는 인간의 삶, 그리고 수백만 년에 걸쳐 이어진 인류의 장대한 역사는 너무 길다. 그 모든 시간을 따라가기에 하루살이의 생은 찰나일 뿐이다. 고작 인간 한두 명의 하루이틀을 구경한 게 전부인 하루살이는 인간 세계를 이해하고 말겠다는 야심 찬 꿈을 결국 이루지 못한 채, 힘없이 가로등 아래로 툭, 떨어진다.

무거울수록 빨리 죽는다

물리학자 글래쇼가 이야기했듯 인간의 몸은 별에 비해 너무 작다. 그 아름답고 사랑스러운 별을 품에 안지 못한다. 하지만 이런 공간적 한계보다도 더 근본적이고 심각한 문제는, 우리에게 우주를 즐길 시간이 턱없이 부족하다는 것이다. 아니, 더 정확히 말하면, 별과 은하들의 호흡이 과할 정도로 느리다. 숨 가쁘게 사는 우리에 비해 우주는 너무 게으르다. 현대 천문학이 시작된 지도 100년이 넘었다. 하지만 그 한 세기 동안 우리 우주에는 뚜렷한 변화가 거의 보이지 않는다. 물론 우주는 분명 변했고 지금도 변하고 있지만, 성격이 급한 우리 눈에는 전혀 티 나지 않는다.

태양만 해도 100억 년을 산다. 태양은 50억 년 전에 태어났다. 따라서 앞으로 지금까지 살아온 세월만큼 더 밝게 빛나며 지구를 비출 것이다. 태양은 현재 딱 중년의 시기를 보내고 있다. 매일 조금씩 늙어가는 우리의 얼굴처럼 태양도 조금씩 변하고 있다. 앞으로 40억 년, 50억 년이 지나면서 태양은 비대하게 부풀 것이다. 그리고 태양계 가장 안쪽의 수성부터 시작해, 금성과 지구를 차례대로 집어삼킬 것이다. 물론 아주 먼 미래의 이야기다. 인간은 수억 년의 템포로 벌어지는 태양의 미세한 변화를 느끼지 못한다. 그러니 길어야 100년 남짓 사는 천문학자 개인이 138억 년에 달하는 우주 전체의 역사를 죽기 전에 이해해보겠다고 도전하는 모습은, 고작 하루이틀밖에 살지 못하는 하루살이가 수백만 년에 걸친 인류 전체의 역사를 이해하겠다면서 유적지 몇 개를 둘러보는 일과 다르지 않다. 우리는 모두 우주 하루살이다. 찰나를 살다가 사라진다.

하지만 우주 하루살이에게는 한계를 극복할 단 하나의 방법이 있다. 바로 통계다. 통계의 힘은 강력하다. 각각의 이야기가 모이면 선명하고 새로운 이야기가 만들어진다. 하루살이에게 추천할 수 있는, 인간이 어떻게 태어나서 어떻게 나이를 먹고 죽어가는지 완벽히 알아보는 가장 확실한 방법은 한 사람의 생애를 곁에서 지켜보는 것이다. 하지만 고작 하루밖에 살지 못하는 하루살이에겐 불가능한 방법이다. 그 대신 나이, 세대에 따라 인간의 모습이 어떻게 달라지는지, 다양한 연령대에 걸친 사람들을 한꺼번에 관찰할 수 있다. 병원에 들러 갓난아기의 모습을 보고, 유치원에 들러 어린 아이들의 모습을 본다. 놀이터에 들러 성장한 아이들의 모습을 보고, 지하철 환풍구에 들러 바쁘게 살아가는 성인들의 모습을 본다. 이렇게 한꺼번에 다양한 세대를 살펴본다면, 나이가 들면서 인간에게 어떤 변화가 생기는지 파악할 수 있다. 태어났을 때는 팔다리가 짧고 덩치가 작았던 인간이 성장하면서 언어를 터득하고, 신체가 길어지고 다양한 사회 활동을 시작한다는 대세를 파악할 수 있다. 이런 통계적인 센서스^{census}를 통해, 하루살이는 어느 정도 인간 세계를 이해할 수 있을 것이다.

별을 연구하는 우주 하루살이, 천문학자의 신세도 이와 다르지 않다. 별이 어떻게 태어나고 죽는지를 완벽하게 알고 싶다면, 별이 태어나서 사라지는 순간까지 모든 과정을 곁에서 지켜보면 된다. 하지만 별의 수명은 아무리 짧아도 수천만 년에 달한다. 그러니 우리도 일종의 우주 센서스를 통해 별의 생애를 파악한다. 고맙게도 대부분 별은 하나의 거대한 집단을 이루고 있다. 적게는 수천 개에서 많게는 수백만 개까지 하나의 거대한 별의 도시를 이룬다. 이 단위를 별의 집단, 성단^{star cluster}이라고 한다. 흥미로운 것은 성단의 별들이 거의 한순간에 태어난 동갑내기라는 점이다. 하나의 거대한 먼지 구름이 수축하면서 별들이 반죽된 것이다. 그런데 별은 질량에 따라 노화의 속도가 달라진다. 무거울수록 별에게 허락된 시간이 짧아진다. 태양 질량의 스무 배 이상으로 무거운 별들은 수천만 년, 더 무거우면 수백만 년 밖에 살지 못한다. 100억 년을 사는 태양에 비해 턱없이 짧은 수명이다. 태양보다 가벼운 왜소한 별들은 그 이상을 산다.

이상하게 들린다. 별이 무거울수록 평생 태울 수 있는 연료도 그만큼 많아야 하지 않을까? 하지만 별들의 세계는 그리 호락호락하지 않다. 지나친 욕심은 파국을 앞당긴다. 별은 하나의 거대한 가스 덩어리다. 별에서 작동하는 힘은 크게 두 가지다. 첫 번째로 질량에 비례하는, 스스로를 물질의 중심 방향으로 무너뜨리는 힘인 중력이 있다. 그리고 두 번째는 내부에서 뜨겁게 달궈진 온도로 인해 스스로를 바깥으로 팽창시키는, 열에 의한 압력이 있다. 이 두 가지 힘이 절묘한 균형을 이루는 덕분에 별은 수축하거나 팽창하지 않고, 오랜 시간 일정 크기를 유지하며 빛난다. 질량이 무거운 별은 중력이 더 강하다. 이때 내부에서 격렬한 핵융합 반응으로 중력에 상응하는 뜨거운 온도를 유지해야만 붕괴를 막을 수 있기 때문에 별은 빠른 속도로 연료를 고갈시킨다. 질량이 무거운 별은 연료의 양도 많지만 그 연료를 소모하는 속도도 빠른 것이다. 그래서 무거운 별은 일찍 최후를 맞이한다. 연료를 훨씬 빠르게, 폭발적으로

소모하는 만큼 그 최후도 눈부시다. 별의 삶은 크게 두 방향으로 나뉜다. 무거운 별로서 순식간에 화려한 초신성이 되는 짧고 굵은 삶, 가벼운 별로서 미지근하게 오랜 세월을 버티다 소리 없이 사라지는 가늘고 긴 삶이다. 수백만 년에서 수백억 년에 이르는 별의 장엄한 운명이 고작 질량이라는 하나의 변수로 갈린다.

하나의 성단에는 가벼운 별과 무거운 별이 공존한다. 노화의 속도가 달라 서로 다른 국면의 생애주기를 지나고 있는 별들을 한꺼번에 볼 수 있다. 빠르게 나이 드는 무거운 별들은 항성의 말년을 보여준다. 반면, 질량이 가벼워서 천천히 나이 드는 별은 아직도 탄생하던 순간에서 크게 바뀌지 않은 모습이다. 우주 하루살이들은 바로 이렇게 별의 생애를 관찰하는 방법을 터득했다. 잔머리를 부린 덕분에 별의 지나치게 느린 템포를 조금이나마 따라갈 수 있다. 우리는 우주의 찰나만을 볼 수 있지만, 찰나의 순간 여러 개를 모아 하나의 거대한 퍼즐 조각을 맞춘다.

천문학자를 괴롭히는 '삼체 문제'

컴퓨터의 등장도 변화를 이끌었다. 이제 별과 은하가 수억 년,

수십억 년에 걸쳐 변해가는 과정을 한없이 기다릴 필요가 없어졌다. 비록 진짜 별과 은하는 아니지만, 슈퍼컴퓨터가 만든 가상의 우주 속에서 빨리감기로 속도를 높여 우주의 변화를 조망할 수 있게 되었다. 다소 제한적이기는 하지만 우리는 이제 우주를 시뮬레이션할 수 있는 문명을 이룬 것이다. 작게는 태양 곁을 도는 지구와 달의 움직임을 재현하는 수준에서부터, 크게는 빅뱅 직후의 초기 입자들이 모여 우주거대구조를 이루고 수많은 은하를 창조하는 과정을 시뮬레이션하는 수준까지 가능하다. 시뮬레이션의 난이도는 얼마나 많은 수의 요소가 관여하는지에 따라 달라진다.

모든 물질은 질량을 갖는다. 질량은 중력을 발생시킨다. 따라서 우주를 모사하려면, 반드시 중력의 효과를 고려해야 한다. 시뮬레이션 우주에서 질량을 가진 작은 가상의 입자를 매스 파티클mass particle이라고 한다. 매스 파티클의 질량이 작아질수록 같은 존재를 표현할 때 더 많은 수의 입자가 필요하다. 가령 태양의 약 2조 배 가까운 질량을 가진 '우리 은하'를 시뮬레이션해보자. 완벽하게 묘사하기 위해서는 태양 정도의 질량을 가진 매스 파티클 2조 개가 필요하다. 하지만 이렇게 되면 컴퓨터가 계산해야 하는 양도 그만큼 늘어난다. 2조 개에 달하는 입자들이 중력을 주고받을 테니까. 이번엔 계산량을 줄이기 위해, 개별 매스 파티클의 질량을 더 무겁게 설정해보자.

태양 질량에 비해 1,000억 배나 무거운 큰 덩어리를 하나의 매스 파티클로 한다면, 겨우 스무 개의 입자만으로 우리 은하를 묘사할 수 있다. 필요한 계산량이 훨씬 줄어든다.

하지만 고작 스무 개 입자로 표현한 우리 은하가 실제 모습을 얼마나 잘 표현할 수 있을까? 천문학자들은 시뮬레이션에서 하나의 매스 파티클이 가벼워질 수 있는 정도를 '해상도'라고 한다. 시뮬레이션의 해상도가 좋아지면 더 사실적으로 아주 세밀하게 실제 우주를 묘사할 수 있지만, 필요한 계산의 양이 폭발적으로 증가한다. 그만큼 계산을 끝내려면 아주 긴 시간이 필요하다. 물론 그러면 우주의 역사를 조망해보겠다는 시뮬레이션의 본래 목적은 훼손된다. 매스 파티클의 수를 줄여서 빠르게 시뮬레이션할 수도 있겠지만, 그런 투박한 해상도로는 우주를 제대로 묘사할 수 없다. 그래서 계산 속도는 빠르면서도 실제 우주의 모습을 세밀하게 묘사할 수 있는 최적의 해상도를 찾는 것이 시뮬레이션에 기반한 현대 우주론 연구의 가장 어렵고도 미묘한 과제다.

중력을 주고받는 입자가 두 개뿐일 때 문제는 쉽다. 굳이 슈퍼컴퓨터를 쓸 필요도 없다. 종이와 펜만 있으면 두 입자의 움직임을 완벽하게 계산할 수 있다. 그런데 입자가 하나만 더 늘어나도 문제는 훨씬 복잡해진다. 한 입자가 움직이면 곧바로 그 입자와 힘을 주고받는 나머지 두 입자들이 느끼는 중력이 달라진다. A, B, C 세 입자가 있다고 하면, A와 B, B와 C, C와 A, 총 세 쌍 사이에 중력을 주고받는 관계가 형성된다. 그리고 세 입자들은 조금씩 자리를 바꾸기에, 매 순간 주고받는 중력의 효과도 달라진다. 실시간으로 서로 떨어진 거리가 달라지고 작용하는 중력이 달라지고 또 거리가 달라지고 또 중력이 달라진다.

이건 상당히 복잡한 문제다. 종이와 펜으로는 절대 풀 수 없다. 이 난제를 '삼체 문제'라고 부른다. 1887년 스웨덴과 노르웨이의 국왕 오스카 2세Oscar II는 젊은 시절 직접 수학 공부를 했던 덕분에, 이 문제에 각별한 관심을 쏟았다. 그는 태양과 지구, 그리고 달, 세 천체가 서로 복잡하게 힘을 주고받는다고 생각했고, 혹시 우리 태양계가 안정된 궤도를 유지하지 못하고 하루아침에 파괴되는 게 아닐까 두려웠다. 잠을 설칠 정도로 우주의 안정성을 우려했다. 그래서 그는 60세 생일을 기념하여, 삼체 문제의 해답을 찾아오는 사람에게 2,500크라운의 상금을 내걸었다. 만유인력을 발견한 뉴턴이나 현대 확률론의 기반을 마련한 피에르시몽 드 라플라스 같은 거물급 과학자들조차 이전부터 이 문제와 씨름했지만, 일반적인 해는 찾지 못했다. 그런데 프랑스의 젊은 수학자 앙리 푸앵카레Henri Poincaré가 애초에 삼체 문제에는 하나의 명확한 해가 존재하지 않다는 사실을 증명해버렸다. 세 개 이상의 천체가 얽힌 운동은,

아주 작은 차이가 시간이 지날수록 걷잡을 수 없이 증폭되는, 근본적인 혼돈을 내포한다는 사실을 드러낸 것이다.

중력을 가진 물체 세 개만으로도 문제가 이렇게 복잡해진다. 그런데 우주를 묘사하려면 얼마나 많은 매스 파티클이 필요할지 생각해보라. 우리 은하도 바로 옆의 안드로메다은하와 중력을 주고받다. 두 은하는 수조 개의 별로 이루어져 있다. 각 은하에 속한 각 별들이 서로 중력을 주고받는 경우의 수를 생각해보면, 시뮬레이션을 구현하려면 최소 수조 곱하기 수조 번 중력을 계산해야 한다. 물론 별들이 이동하면 중력값도 달라지기에 다시 처음부터 계산해야 한다. 그 과정을 끝없이 반복해야 하는 것이다. 이건 단순한 계산이라기보다, 하나의 고독한 종교적 수행이라고 봐야 하지 않을까? 바로 그렇기 때문에 우주 시뮬레이션에는 컴퓨터의 빠른 계산력이 필요하다. 입자의 개수가 한두 개일 때 계산은 인간이 감당할 수 있는 영역에 머문다. 하지만 입자의 개수가 셋을 넘어가는 순간, 필요한 계산량은 인간의 능력을 벗어난다. 그래서 농담 삼아 천문학자들은 우리가 하나, 둘까지만 수를 셀 수 있다고 말한다. 원소도 천문학자들은 주기율표의 1번 원소 수소, 2번 원소 헬륨 이후부터는 그냥 하나로 뭉뚱그려서 금속 원소라고 부르듯, 삼체 문제에서도 천문학자들은 3 이상의 수에 쥐약이다. 이렇게 세 개 이상의 입자들이 얽힌 복잡한 문제를 'N체 문제'라고 퉁 쳐서 부른다. 입자의 개수가 세 개든, 네 개든, 수십억 개든 천문학자들에겐 모두 똑같이 N체 문제다.

현대적 의미에서 복잡한 연산을 빠르게 처리할 수 있는 컴퓨터가 등장한 건 제2차 세계대전이 끝나가는 무렵부터였다. 그런데 시뮬레이션 천문학의 역사를 따라가다 보면, 흥미로운 순간을 만날 수 있다. 본격적인 컴퓨터가 등장하기 전에도 직접 두 은하의 충돌 과정을 시뮬레이션하려는 시도가 있었던 것이다. 미련하게 하나하나 모든 계산을 시도한 건 아니고, 원시적인 방식이긴 해도 나름 잔머리를 굴렸다. 그 주인공은 1941년 최초의 은하 충돌 시뮬레이션을 시도했던 스웨덴의 천문학자 에릭 홈버그**Eric Holmberg**다. 그의 작품은 컴퓨터 이전과 이후 시대, 그 사이의 어중간한 과도기를 보여준다.

홈버그는 중력이 작동하는 방식을 곰곰이 고민했다. 중력은 거리가 멀어지면 그 거리의 제곱에 반비례해서 약해진다. 거리가 두 배 멀면 중력은 네 배 약해지고, 거리가 세 배 멀면 중력은 아홉 배 약해진다. 전구의 밝기가 어두워지는 방식도 이와 같다. 거리가 두 배 멀면 전구의 조도는 네 배 어두워지고, 세 배 멀면 아홉 배 어두워진다.

홈버그는 중력과 전구의 빛이 작동하는 방식 사이에 공통점을 발견하고 두 은하에 속한 각 별들이 주고받는 모든 중력의 경우의 수를 일일이 계산할 필요가 없다고 생각했다. 한 은하의 중력값 전체를 구할 방법을 찾은 것이다.

홈버그는 전구 서른일곱 개를 동심원의 형태로 배치해 하나의 은하라고 가정하고, 반대쪽에 또 다른 은하를 같은 방식으로 표현했다. 그리고 각 전구의 위치에 서서 멀리 떨어진 상대편 은하의 전구들이 얼마나 밝게 보이는지를 측정했다. 밝기는 곧 해당 위치의 '중력 크기'를 의미한다. 이렇게 하면 굳이 별의 중력 하나하나를 전부 계산하지 않아도 작용하는 은하 내 별의 중력의 합을 바로 구할 수 있어 필요한 계산량이 줄어든다. 홈버그는 이렇게 구한 중력의 합을 바탕으로 각 전구의 위치를 조금씩 이동시켰고, 같은 과정을 반복했다. 그러고 두 개의 원형 은하가 서로를 스쳐 지나가면서, 구조가 풀어지고 나선팔을 그리게 된다는 결과를 얻었다. 컴퓨터가 없던 시절에 두 은하의 충돌 과정을 수치학적으로 시뮬레이션한 최초의 사례다.

컴퓨터 기술과 함께 천문학자들이 만들 수 있는 가짜 우주의 퀄리티도 빠르게 발전했다. 심지어 이제는 슈퍼컴퓨터가 구현한 가짜 우주를 진짜인 양 관측하고 분석하기에 이르렀다. 나를 비롯해 전세계 천문학자들이 가장 많이 애용하는 초고해상도 우주론 시뮬레이션으로는 일러스트리스Illustris 프로젝트가 있다. 2013년 독일의 막스 플랑크 연구소Max Planck Institute의 천문학자 폴커 슈프링겔Volker Springel에 의해 시작된

이 프로젝트는 빅뱅 직후 우주 전역에 무작위하게 퍼져 있던 물질이 서로의 중력에 이끌려 모이면서 수많은 은하로 연결된 우주거대구조를 이루는 과정을 구현해냈다. 그 결과는 실제 우주와 놀라울 정도로 닮았다. 은하들은 길게 이어진 필라멘트가 얽히고설킨 것처럼 보이는 거대한 그물을 이룬다. 당시 최초의 계산을 위해서 총 8,192개의 CPU가 동원되었다. 빅뱅 이후부터 오늘날에 이르는 138억 년의 우주 전체 역사를 재현했다. 계산량만 총 1,900만 CPU 시간이 필요했다. 일러스트리스는 빅뱅 직후에 시작된 우주의 역사에서 중요한 시점들을 스냅샷처럼 제공하는데, 그 전체 데이터만 230테라바이트에 달한다. 만약 이 용량 만한 책을 만든다면 총 1,150억 쪽이 필요하다. 매일 100쪽씩 읽더라도 마지막 페이지까지 300만 년을 내내 읽어야 할 것이다.

일러스트리스의 대성공 이후, 더 세밀한 초고해상도 우주론 시뮬레이션이 등장했다. 2017년에는 일러스트리스의 다음 버전인 '일러스트리스 TNG^{The Next Generation}'도 발표되었다. 무려 10억 광년에 이르는 거대한 우주공간 안에서 은하들이 형성되고 서로 충돌하는 과정을 완벽하게 재현했다. 확대해서 들여다보면, 개별 은하의 나선팔과 중심 막대, 중심에 위치한 블랙홀이 에너지를 토해내며 은하가 품고 있던 가스 물질을 밖으로 퍼트리는 모습까지, 다양한 천체의 구조와 메커니즘을 모두 확인할 수 있다. 이렇게 초고해상도로 구현한 가상의 우주를 여행하다 보면, 인간이 조물주가 되어 아예 가상의 우주를 통째로 창조한 게 아닐까 하는 경솔한 착각에 빠진다.

시뮬레이션 우주라는 매력적인 해답

기존의 전통적인 시뮬레이션 대부분은 매스 파티클이 주고받는 중력 효과만을 고려했다. 하지만 이것 만으로는 진짜 현실로 나아가기에 부족하다. 우주를 더 아름답고 다채롭게 만드는 다른 종류의 물질이 필요하다. 우주공간에는 뜨겁게 달궈진 가스 물질이 광대한 스케일로 별과 별 사이, 또 은하와 은하 사이에 채워져 있다. 별과 은하들은 아무것도 없는 텅 빈 진공 속이 아니라 가스 물질의 바다를 헤집고 다닌다고 봐야 한다. 이것을 시뮬레이션으로 구현하기 위해서는 유체역학에 대한 이해가 필요하다. 그런데 문제는 유체역학은 중력 계산과는 또 차원이 다르게 복잡하다는 것이다. 한 시스템을 채우고 있는 유체는 전체가 하나의 덩어리처럼 움직인다. 매스 파티클은 어쨌든 서로 적당한 거리를 두고 떨어져 있는데, 유체는 끈적하게 맞붙어 있다. 유체가 흐르는 방식을 표현하는 나비에-스토크스 방정식Navier-Stokes equations도 정확한 해를 구할 수 없는 악명 높은 방정식으로, 전세계 수학자들이 평생을 바쳐 도전하고 있는 밀레니엄 난제 중 하나로 당당하게 이름을 올리고 있다.

컴퓨터가 유체역학을 이해하고 최대한 사실적으로 계산하도록 만들려던 천문학자들은 한 예술가의 작품에서 힌트를 얻었다. 20세기 네덜란드의 판화가 마우리츠 에스허르Maurits Escher다. 그는 기하학을 접목해서 3차원 세계를 2차원 평면에 표현하는 예술을 선보였다. 특히 캔버스를 동일한 모양으로 퍼즐 조각 맞추듯이 가득 채우는 테셀레이션tessellation 예술로 유명하다. 검은색과 하얀색의 도마뱀 패턴이 가득 찬 그림, 아래 쪽의 하얀 물고기 패턴이 위로 시선을 이동하면 검은색의 새 패턴으로 변해가는 그림 등 유명한 작품이 많다. 천사와 악마의 형상이 맞물려서 기하학적인 패턴을 완성하는 작품은 단순한 미술을 넘어 수학적인 신비로움을 자아낸다. 이렇게 같은 모양의 조각들로 빈틈없이 공간을 덮는 방식을 테셀레이션이라고 한다. 천문학자들은 빈틈없이 우주공간을 채우는 유체를 묘사하기 위해 이 기법을 그대로 차용했다.

대표적인 기법으로 보로노이Voronoi 테셀레이션이 있다. 우크라이나 출신의 수학자 게오르기 보로노이Georgy Voronoi의 아이디어에 기반한다. 가상의 유체 입자들에 점을 찍은 다음, 인접한 점을 모두 연결한다. 그 다음 각 선 한가운데에 정확하게 수직이등분선을 그어서 두 점 사이의 공간을 분할한다. 이런 식으로 모든 점들 사이의 공간을 나눈다. 그러면 각 점들이 각기 다른 모양의 공간을 차지하게 되고, 결국 각각의 점이 하나의 퍼즐 조각을 점유하게 된다. 그러고 나비에-스토크스 방정식과 중력 이론 등 물리법칙에 따라 각 점들이 주고받는 힘을 계산해 미세하게 점들의 위치를 변화시킨다. 그러고 다시 변화한 위치에서 똑같이 점 사이에 수직이등분선을 긋고 퍼즐 조각을 새롭게 구분한다. 이런 식으로 계산을 이어가면 우주 공간을 채우고 있는 유체 입자들이 연속적으로 서로에 영향을 미치며 흐르는 과정을 사실적으로 묘사할 수 있다. 유체역학적 요소는 고전적인 시뮬레이션을 한 차원 더 사실적으로 탈바꿈시키는 화룡점정이다.

아주 먼 미래에는 개개의 은하, 개개의 별을 넘어, 개개의 행성과 개개의 분자 수준까지 세밀한 해상도로 우주를 재현하는 날이 오지 않을까? 그런 시뮬레이션이라면 사실상 새로운 우주를 창조했다고 봐도 되지 않을까? 우리가 모르는 사이 시뮬레이션 속 가상의 행성 위에서 가상의 생명체가 탄생해버릴지도 모른다. 그리고 그 존재도 우리와 마찬가지로, 자신이 살아가는 거대한 우주의 기원과 비밀을 탐구하며, 우주 곳곳을 바라보고 고민할 것이다. 그들은 자신을 만든 진짜 조물주, 컴퓨터 바깥의 우리를 결코 만나지 못할 것이다. 그리고 이런 재밌는 상상의 끝에는 시뮬레이션 우주 가설이 기다리고 있다.

스웨덴의 철학자 닉 보스트롬^{Nick Boström} 은 2003년 우리가 시뮬레이션 속 가짜 우주에 살고 있을지 모른다는 철학적 논증을 꽤 진지하게 제시했다. 그의 주장에는 몇 가지 흥미로운 가정이 있다. 우리는 탄소 기반의 화합물로 구성되어 있어 이론적으로는 석탄, 연필심과 다를 게 없다. 그런 탄소 덩어리가 머릿속에 심오한 사고를 구현하고 가상 세계까지 상상하는, 뇌라는 연산 기계를 만드는 데 성공했다. 그리고 이제는 탄소가 아닌 규소, 반도체 기반의 슈퍼컴퓨터를 통해 또 하나의 가상 우주를 구현하고 있다. 지금도 세계 곳곳의 천문학, 물리학 연구 기관에서는 슈퍼컴퓨터를 활용한 다양한 시뮬레이션이 진행되고 있다. 하나의 기술 문명은 다수의 시뮬레이션을 만들 것이다. 그러면 수많은 가상의 우주가 만들어진다.

따라서 단순히 추론했을 때, 이 우주에는 진짜 우주보다 가짜 우주가 훨씬 더 많을 것이다. 확률적인 관점에서 우리도 진짜 우주보다는 시뮬레이션 속 가짜 우주에 살고 있을 확률이 압도적으로 높다. 물론 보스트롬의 논증은 엄밀한 과학이 될 수 없는 중요한 한계가 있다. 관측을 통해 입증 또는 반박할 수 있는 마땅한 검증 방법이 없다는 점이다. 우리가 영화 '매트릭스'의 네오와 같은 일을 겪지 않는 이상 과학은 이 이론을 입증하지 못한다.

특히 요즘 이런 허무맹랑한 주장에까지 귀를 쫑긋하게 되는 이유는, 인간이 만든 시뮬레이션 우주의 진화 과정이 너무 사실적으로 보이기 때문일 것이다. 시뮬레이션에 기반해 우주를 연구하는 천문학자들은 일종의 초현실주의 예술가 같다. 시뮬레이션 화면을 확대해 들여다보면 수많은 매스 파티클로 채워진 정교한 점묘화지만, 멀리서 바라보면 하나의 거대한 우주가 펼쳐진다. 그러다 보니 천문학자들도 이 그림에 현혹된다. 분명 시뮬레이션 우주는 가짜다. 우리 머리 위에 펼쳐진 우주가 진짜다. 하지만 진짜 우주는 너무 거대하고 멀다. 손에 잡히지 않는다. 또 너무 느려서 짧은 우리의 생애 안에 유의미한 변화를 목격하기 어렵다. 그래서 시뮬레이션 우주가 진짜 우주라도 되는 것처럼, 화면 속 은하를 관측한다. 얼마 전만 해도 진짜 우주, 진짜 별과 은하에만 시도되었던 다양한 관측과 분석 기법을 그대로 시뮬레이션 속 우주에 적용한다.

시뮬레이션 천문학 분야가 처음 등장했을 때만 해도 천문학자들은 시뮬레이션이 진짜를 흉내 낸 가짜에 불과하다는 사실을 잊지 않았다. 시뮬레이션의 목표는 진짜 우주를 최대한 사실적으로 흉내 내는 것이었다. 진짜 우주는 시뮬레이션이 도전해야 하는 '정답지'였다. 만약 시뮬레이션 우주와 실제 우주의 관측 결과가 어긋난다면 당연히 시뮬레이션이 문제라고 생각했다. 컴퓨터 성능이 부족해서 우주의 구조와 진화를 미처 구현하지 못했거나, 우주를 구성하는 암흑 물질과 암흑 에너지의 효과를 잘못 입력했기 때문이라 생각했다. 또는 아직 우리가 파악하지 못한 우주의 작동 원리가 숨어 있고, 그것을 알아내서 시뮬레이션 코드에 추가해야 해결할 수 있는 문제라고 생각했다.

그런데 최근 몇 년 사이에 천문학자들의 태도는 완전히 달라졌다. 이제는 시뮬레이션과 실제 관측 결과가 어긋나면 오히려 시뮬레이션 결과를 정답지로 취급하고 실제 관측에 문제가 있을 거라 추측한다. 예를 들어, 우주론 시뮬레이션 분야에서 아주 오랫동안 해결되지 않는 지독한 난제 중 하나로 '실종된 위성 은하 문제Missing satellite problem'가 있다. 우리 은하와 안드로메다은하를 비롯해, 우주에 있는 큼직한 은하 대부분은 주변에 자기보다 100~1,000분의 1 수준으로 작고 가벼운 꼬마 은하를 함께 거느리고 있다. 마치 목성 곁에 아주 많은 위성이 맴도는 것과 비슷하다. 이것을 위성 은하라고 한다. 남반구 하늘에서 볼 수 있는 두 개의 크고 작은 마젤란 은하도 우리 은하 곁을 떠도는 위성 은하다.

시뮬레이션 속에서도 우주거대구조를 따라 사방에서 물질이 모여들면서, 중심의 큰 은하 주변에 많은 위성 은하가 빚어진다. 다만 시뮬레이션은 지나칠 정도로 많이 만든다. 한 은하 주변에 적어도 100개가 넘는 위성 은하가 만들어진다. 그런데 지금까지 실제 관측된 수는 훨씬 적다. 2013년부터 운영된 유럽 우주국ESA의 가이아Gaia 우주망원경이 2025년까지, 11년 동안 우리 은하 주변의 우주공간을 샅샅이 뒤졌다. 그런데 너무 흐리고 어두워서 이게 정말 은하가 맞나 싶은 위성 은하까지 다 긁어모아도 예순 개를 넘지 않았다. 시뮬레이션에서 만들어지는 수에 비하면 절반 수준밖에 안된다. 시뮬레이션에 비해서 실제 우주에서는 훨씬 적은 수의 위성 은하만 확인되는 이 문제가 실종된 위성 은하 문제다.

천문학자들은 망원경의 성능이 부족한 탓에 아직 확인하지 못한, 더 작고 어두운 위성 은하가 숨어 있으리라 생각한다. 물론 정말 그런 위성 은하들이 발견되고는 있다. 그러니 더 감질나는 수수께끼다. 아무튼 이 수수께끼에 붙은 이름에서부터 알 수 있듯이, 천문학자들은 시뮬레이션을 정답 취급한다. 원래라면 시뮬레이션이 제시하는 만큼 많은 수의 위성 은하가 있어야 하지만, 실제 관측에서는 보이지 않는 '사라진' 은하가 있다고 생각한다. 만약 실제 우주를 정답으로 여겼다면, 수수께끼의 이름은 애초에 '실종된 위성 은하 문제'가 아니라 '위성 은하 과예측 문제', '위성 은하 뻥튀기 문제'와 같은 식으로 불렸을 것이다.

시뮬레이션이라는 단어의 어원은 라틴어로 흉내 낸다는 뜻의 시뮬simul에서 기원했다. 시뮬레이션의 본질은 모사다. 결코 진짜가 될 수 없다. 하지만 진짜 못지않은 사실적인 묘사, 진짜보다 더 화려한 모사는 우리 눈을 현혹시킨다. 하늘을 향해 있던 천문학자들의 고개를 컴퓨터 모니터 앞으로 숙이게 만들 정도로 그 유혹은 강력하다. 나도 일러스트리스와 같은 가짜 우주를 여행한다. 실제 우주는 너무 느리고 답답하고, 또 너무 멀어서 잘 와닿지 않는다. 시뮬레이션 속의 가짜 우주를 누비다 보면 마치 내가 시간과 공간을 마음대로 주무르는 '닥터 스트레인지'가 된 것 같다. 짧은 찰나를 사는 인간이, 우주를 이해하고 우주 진화의 템포를 따라가는 일에 시뮬레이션 천문학의 발전이 중요한 역할을 한다는 사실은 부정하지 않겠다. 하지만 나는 우리가 중요한 본질을 잊어서는 안 된다고 생각한다. 나는 그림을 믿지 않겠다고 선언하겠다. 시뮬레이션이 아무리 화려하더라도, 아무리 사실적이고 간편하더라도, 컴퓨터 모니터 속에 펼쳐진 세상은 진짜를 흉내 낸 가짜다. 우리 머리 위에 진짜 세계는 항상 펼쳐져 있다. 진실을 마주하고 싶다면 고개만 들어올리면 된다. 오색찬란한 거짓으로부터 고개를 돌릴 용기만 있다면 말이다.

12장

라플라스의 악마가 되는 꿈

: 불안한 항해를 이끄는 힘

"모든 시작 속에는 우리를 지켜주고
살아가게 하는 마법이 깃들어 있다."

_헤르만 헤세 Hermann Hesse

버스 정류장에서 승객들 사이에 묘한 눈치 싸움이 벌어진다. 버스가 곧 도착한다는 안내 음성과 함께 기다리던 버스가 멀리서 보이기 시작하면, 승객들은 슬금슬금 정류장 바깥쪽으로 걸어 나온다. 서로가 먼저 버스에 타기 위해서 조용한 경쟁을 벌인다. 이때 드물게 내가 전공한 천문학이 쓸모를 발휘하게 된다. 나와 정류장을 향해 달려오는 버스까지의 거리를, 브레이크를 밟으면서 천천히 느려지는 버스의 속도 변화를 파악한다. 그리고 머릿속으로 버스가 정류장에 언제쯤 멈출지, 어느 정도 위치에서 속도가 0이 될지를 어림짐작한다. 가끔 운 좋게 내가 딱 서 있던 자리에 버스의 앞문이 멈출 때가 있다. 그렇게 가장 먼저 버스에 올라타 빈자리를 찾으면서 나의 물리학적 감각이 아직 죽지 않았다는 사실에 뿌듯해한다.

우리는 온 우주가 일관된 과학 법칙으로 작동한다는 전제로 우주를 바라본다. 지금까지 그래왔던 것처럼 앞으로도 우주에는 똑같은 법칙이 통하리라 기대하는 것이다. 서서히 정류장으로 다가오는 버스의 움직임을 통해 버스가 언제쯤 어디에서 멈출지 추측할 수 있다면, 우주에 대해서도 그런 정확한 예측이 가능하지 않을까? 우주를 이루는 모든 입자, 요소가 현재 어디에서 얼마나 빠르게 움직이는지 파악할 수 있다면, 앞으로 우주에서 벌어질 모든 일을 내다볼 수 있지 않을까? 극단적인 물리학의 눈으로 바라본다면 지금 내가 서 있는 현재는 곧 물리법칙에 따라 과거의 작용으로부터 비롯된 결과이자, 물리법칙에 따라 앞으로 다가올 미래를 만드는 원인일 것이다.

18세기 프랑스의 수학자 피에르시몽 드 라플라스도 똑같이 생각했다. 그는 재미있는 사고실험을 고안했다. 우주에 전지전능한 악마가 있다고 생각해보자. 이 악마는 우주를 구성하는 모든 입자들을 파악할 수 있다. 각 입자들이 우주의 어디에 놓여 있는지, 또 얼마나 빠르게, 어디를 향해 움직이는지 알 수 있다. 라플라스는 그런 악마는 우주의 과거부터 미래까지 모든 순간을 내다볼 수 있다고 생각했다. 악마에게 현재 우주의 모습은 1초 전 입자들의 위치와 운동량에 의해 결정된 당연한 결과다. 물리법칙에 따르면 그렇다. 그렇다면 1초 전의 상황도 그보다 1초 전에 이미 결정됐다고 볼 수 있다. 이런 식으로 계속 분초를 거슬러 올라가다 보면 당황스러운 결론에 이른다. 1초 전, 1시간 전, 100년 전, 마침내 우주가 처음 만들어지던 빅뱅에까지 이르게 된다.

그렇다면 지금의 우주의 존재들은 이미 빅뱅의 순간, 태초 입자들의 위치와 속도에 의해 모두 운명을 타고났다고 봐야 하는 걸까? 천문학자로서 감히 판단하건대 라플라스의 논증에 수학적인 오류는 하나도 없다. 라플라스의 사고실험이 맞다면, 우리는 이미 태초부터 물리학이 써놓은 시나리오를 성실하게 따라가고 있는 것이다. 하지만 내게는 라플라스의 말장난에 굴복하고 싶지 않은 묘한 반항심이 끓어오른다. 나의 우주가, 나의 삶이, 심지어 나의 사소한 행동 하나하나가 이전부터 우주에 있던 수많은 입자들의 상태로 결정되었다면 너무 허탈하지 않을까? 지금까지도 많은 물리학자와 철학자를 혼란스럽게 만드는 이 상상 속의 악마를 우리는 '라플라스의 악마Laplace's demon'라고 부른다.

사랑을 약속하는 최고의 방법

라플라스의 악마를 극단적으로 인용하게 되면, 더욱 난감한 현실적 고민과 마주하게 된다. 양자역학의 불완전성을 비판한 대표적인 사고실험, '슈뢰딩거의 고양이' 사례에서 알 수 있듯이 과학 하는 놈들은 왜인지 고양이를 좋아한다. 그래서 나도 내가 키우는 고양이를 한번 예로 들어보겠다. 내가 어느 날 집에 가서 궁둥이를 씰룩 거리는 고양이를 '궁디팡팡'하기 시작한다. 그러자 깜짝 놀란 고양이가 왜 갑자기 궁디팡팡하냐면서 화를 낸다. 여기에서 내가 라플라스의 악마를 들먹인다면 어떨까? 내가 고양이를 궁디팡팡한 건 내 못된 심보 때문이 아니라, 내 손바닥을 구성하는 입자가 하필이면 궁디팡팡이 벌어지기 1초 직전에 고양이로부터 얼마 남지 않은 거리에서 빠른 속도로 움직이고 있었기 때문이라고 말이다. 물리법칙에 따라 손바닥을 구성하는 입자가 고양이를 구성하는 입자와 충돌했을 뿐이지 않은가? 또 그 1초 전의 상황은 그로부터 1초 전에 결정된 결과일 뿐이고, 우주가 만들어진 시점부터 이미 내가 고양이를 궁디팡팡할 운명은 정해져 있었다고 주장한다면 수긍할까?

어딘가 마음에 들지 않지만, 과학적으로 봤을 때 딱히 틀린 말은 없다. 과학적으로는 내 몸도 수많은 화학 분자가 반죽된 덩어리일 뿐이다. 나의 근육과 뇌 신경도 전기 신호를 주고받는 시스템이다. 나는 고양이 궁둥이에 반사된 빛을 눈의 시신경으로 받아들이고 이를 해석한 뇌 덕분에 고양이를 인식한다. 그리고 시냅스로 연결된 뇌 신경이 신경 전달 물질을 주고받으면서, 나의 팔 근육 세포로 전기 신호를 흘려보낸다. 이내 근육이 움직여 내 손바닥을 구성하는 입자가 빠른 속도로 고양이의 궁둥이를 향해 움직이는 것이다.

결국 과학은 왜 내가 고양이를 함부로 궁디팡팡해서는 안 되는지에 대한 그 어떤 합리적이고 논리적인 이유도 제시하지 못한다. 라플라스의 악마는 과학이 얼마나 무심한지, 그리고 왜 우리가 모든 문제의 해답을 과학에서만 찾아서는 안 되는지를 여실히 보여준다. 애석하게도 과학, 특히 그중에서도 물체의 움직임을 수학적으로 해석할 뿐인 물리학은 왜 우리가 다른 존재의 행복을 신경 써야 하는지, 왜 다른 존재가 불행해지지 않도록 노력해야 하는지 설명하지 않는다. 물리학은 폭력과 차별, 증오를 대변하지도, 비난하지도 못한다. 애초에 그것은 물리학의 책임이 아니기 때문이다. 우리는 공동체 구성원 모두가 행복해지기 위해서 어떻게 살아야 하는지, 그리고 어떻게 살면 안되는지를 규정하기 위해 과학이 아닌 다른 분야를 만들었다. 그것을 '철학' 또는 '윤리'라고 부른다.

인간 세계는 너무 미묘해서 일관성을 찾기 어렵다. 두 존재의 상호작용이 항상 행복하지도, 항상 불행하지도 않다. 연인들은 저마다의 사랑을 한다. 다행히 우주는 인간 세계만큼 복잡하거나 미묘하지 않다. 큰 은하가 작은 은하와 부딪혀 작은 은하를 파괴하더라도 작은 은하는 괴로워하지 않는다. 우주에는 선악 대신 상호작용만 있다. 덕분에 마음 편하게 두 은하의 충돌 과정을 지켜볼 수 있다. 은하들의 사랑은 간단하다. 은하에겐 감정이 없다. 두 은하는 서로를 미워하지도, 그리워하지

도 않는다. 물리법칙에 따라 정해진 운명을 순순히 받아들이
며 서로를 향해 다가가는 게 이 관계의 전부다.

나는 이런 '은하와 은하 사이의 상호작용'을 주로 연구한다.
그래서 내가 연구하는 은하들은 모두 커플이다. 나는 수천만
광년에서 수십억 광년 거리에 숨어 있는 은하 커플들의 '연애
질'을 지구에서 몰래 지켜본다. 커플을 이룬 은하의 삶은 솔로
인 은하의 삶과는 확실히 다르다. 재밌게 표현하자면 나는 은
하가 출연하는 '연애 프로그램'을 보는 셈이라고 볼 수 있다.
가끔은 셀럽들의 스캔들을 몰래 지켜보는 파파라치가 된 기분
도 든다.

내가 가장 사랑하는 한 쌍은 지구에서 약 6,000만 광년 떨어
진 두 나선 은하 NGC 4038과 NGC 4039다. 두 은하의 원반
은 절묘하게 겹쳐진 상태로 진한 '우주적 스킨십'을 하고 있다.
두 은하의 원반이 충돌하면서 형태가 일그러지기 직전의 모
습은 마치 거대한 하트를 그리고 있는 것처럼 보인다. 양 옆으
로는 각 은하가 품고 있던 별과 가스 물질이 길게 늘어진다. 나
는 이 아름다운 현장을 하트 은하라고 부르고 싶지만, 안타깝
게도 이미 1785년에 다른 이름이 지어졌다. 영국의 천문학자
윌리엄 허셜William Herschel은 이 아름다운 현장을 보고 가운데
하트 모양으로 겹쳐진 부분이 곤충의 얼굴, 그리고 양 옆으로
길게 흐르는 별의 꼬리가 더듬이 같다고 생각했다. 그래서 이

현장에 붙은 공식적인 이름은 애석하게도 더듬이 은하Antenna Galaxy다.

연인들이 커플링을 맞출 때 보통 반지에 서로의 이니셜이나 특별한 기념일 날짜를 새기고는 한다. 그런데 은하의 사랑을 주로 연구하는 천문학자로서 조금 색다른 제안을 해보고 싶다. 기나긴 세월 동안 떨어지지 않고 진한 사랑을 나누고 있는 은하 커플의 일련번호를 새겨보는 것이다. 실제로 나는 반지에 NGC 4038, 아내의 반지에는 NGC 4039라고 써 놓았다. 오랜 시간에 걸쳐 하나가 되어가고 있는 은하 커플을 롤모델 삼아 우주가 망하는 그날까지 절대 떨어지지 않겠다는 우주적인 언약이다.

이처럼 우주에는 수많은 은하 커플이 살고 있다. 은하의 충돌은 기본적으로 수십억 년의 스케일로 벌어지기 때문에, 우리 눈에는 극적인 변화가 없이 가만히 멈춰 있는 것처럼 보인다. 하지만 실제로는 시속도 아니고 초속 수백, 수천 킬로미터의 어마어마한 속도로 서로를 향해 돌진하는 중이다. 다만 은하 자체가 워낙 크고 거리가 너무 멀다 보니, 그 격렬한 스킨십의 실상이 드러나지 않을 뿐이다. 지난 수억 년 동안 함께 했고, 앞으로도 수억 년을 함께하게 될 두 은하의 이름을 사랑의 징표에 새겨 넣는다면, 단연코 최고의 약속이 되지 않을까?

베일에 싸인 거대 인력체

우리 은하도 짝이 있다. 250만 광년 거리에 떨어진 안드로메다은하다. 두 은하는 서로의 중력에 이끌려 초속 100킬로미터의 빠른 속도로 서로를 향해 돌진하고 있다. 2008년 천문학자들은 우리 은하와 안드로메다은하의 질량과 속도, 거리를 반영한 고해상도 시뮬레이션을 진행했다. 총 130만 개나 되는 매스 파티클로 두 은하의 움직임을 구현했다. 고작 전구 서른일곱 개만으로 은하를 묘사했던 홈버그의 투박한 시뮬레이션과 비교하면 비약적인 발전이다. 이 시뮬레이션은 우리 은하가 결국 안드로메다은하와 충돌하며 하나의 거대한 은하로 합체하게 된다는 결과를 보여주었다. 두 은하 모두 지금은 아름답게 휘감긴 나선팔과 은하 원반을 갖고 있다. 하지만 결국 두 은하의 격렬한 충돌로 별들의 궤도가 뒤섞이게 되면 나선팔은 모두 사라진다. 대신 별들이 펑퍼짐하고 둥글게 모인 거대한 타원 은하로 바뀔 것이다. 마치 벌집 주변을 무작위로 맴도는 벌떼를 멀리서 보면 벌들이 둥근 공 모양으로 모인 것처럼 보이는 것과 비슷하다.

다행히 안드로메다은하와의 충돌을 당장 두려워할 필요는 없다. 두 은하가 본격적으로 해체되고 대혼돈이 시작되는 시점은 70억 년 이후다. 하지만 천문학자들은 참을성이 부족하다. 그래서 70억 년 이후에나 탄생하게 되는 하나로 합체한 새로운 은하에게 벌써 이름도 부여했다. '밀키웨이'와 '안드로메다'를 반씩 붙여서 밀코메다^{Milkomeda} 은하라고 부른다. 천문학자의 네이밍 센스가 실망스럽다면 내가 대신 사과하겠다.

그런데 우리 은하의 운명이 또 그리 단순하지만은 않다. 이미 40여 년 전부터 천문학자들은 우리가 우주공간에 가만히 고정되어 있지 않다는 사실을 발견했다. 우리 은하와 안드로메다은하 쌍이 통째로 또 다른 방향을 향해 움직이고 있었던 것이다. 무언가 거대한 힘이 우리 모두를 끌어당기는 것처럼 보인다. 우리는 시속 220만 킬로미터에 달하는 엄청난 속도로 우주공간을 부유한다. 이것은 우리가 당장 지구의 중력을 벗어나기 위해 필요한 지구 탈출 속도의 쉰다섯 배를 넘는 속도다. 우리 은하의 중력을 벗어나기 위해 필요한 은하 탈출 속도의 두 배이기도 하다. 우리 은하는 스스로의 중력을 벗어날 수 있는 빠른 속도로 우주공간을 내달리는 중이다. 무언가 우리 은하를 강력한 중력으로 끌어당기기 때문에 가능한 일이다. 천문학자들은 그 방향의 끝에 미지의 거대 인력체^{Great Attractor}가 있으리라 추정한다. 말 그대로 강력한 중력으로 주변의 은하들을 끌어당기는 존재라는 뜻이다. 하지만 난감한 문제가 있다. 거대 인력체의 위치로 추정되는 곳을 아무리 샅샅이 뒤져보아도 '질량 덩어리'가 보이지 않는다는 것이다. 우리 은하를 비롯한 주변의 많은 은하들이 아무것도 없는 텅 빈 허공으로 빠르게 끌려가는 것처럼 보인다.

우리는 무엇에 끌려가는 걸까? 끌려가는 속도를 통해 거대 인력체의 질량을 유추할 수 있다. 천문학자들은 적어도 그것이 우리 은하에 비해 1만 배는 무거울 거라 추정한다. 이렇게 무거운 존재라면 당연히 이미 발견되었어야 하지만, 아직도 베일에 싸여 있다. 이 거대 인력체의 미스터리를 더욱 복잡하게 만드는 문제가 있다. 하필이면 거대 인력체의 위치로 추정되는 방향을 딱 우리 은하수가 가리고 있다는 점이다. 앞서 이야기했듯이 은하수는 별과 가스 물질이 매우 높은 밀도로 채우고 있고, 밤하늘의 10퍼센트나 되는 넓은 영역을 가려서 그 뒤를 꿰뚫어 보기 어렵다.

그런데 최근 천문학자들은 우리 은하수의 먼지와 티끌 너머에 숨은 우주를 관측하기 위한 시도를 하고 있다. 우주에 가장 흔한 성분인 중성 수소는 파장이 21센티미터인 전파를 많이 방출한다. 이 전파는 파장이 꽤 긴 편에 속하기 때문에 우주공간에서 시야를 가리는 먼지 입자들을 요리조리 피해서 우리 눈에 관측될 수 있다. 대표적으로 호주 뉴사우스웨일스주에 있는, 거대한 파크스 천문대Parkes Observatory를 동원하는 HIPASSHI Pakres All-Sky Survey가 있다. 은하수 너머의 우주를 투시하는 프로젝트다. 이 대대적인 탐색을 통해 은하수 평면 기준으로 위아래 각도 5도 이내의 영역에서 그동안 은하수의 장막에 가려져 볼 수 없던 새로운 은하 800여 개를 발견했다. 그리고 이 은하들이 우주공간에 어떻게 분포하는지 지도를 그려보니, 은하가 유독 높은 밀도로 모여 있는 지역이 나타났다. 이전까지 알지 못했던 새로운 은하단을 두 개나 찾아낸 것이다.

이렇게 은하가 많이 모여 있다면 중력이 집중되면서 우리 은하를 끌어당길 수 있다. 하지만 아쉽게도 지금까지 새롭게 발견된 은하만으로는 우리 은하를 빠르게 끌어당기는 거대 인력체의 추정 질량을 채우지 못한다. 은하수에 별과 먼지 구름이 너무 빼곡하게 채워져 있어서 아직 우리가 미처 꿰뚫어 보지 못한 은하가 더 먼 곳에 숨어 있을 수도 있다. 하지만 이를 마냥 변명거리로 삼기에는 찝찝한 구석이 있다. 거리가 멀어질수록 중력의 효과는 약해지기 때문이다. 거대 인력체가 멀어질수록 우리 은하가 끌려가는 속도를 설명하기 위해 필요한 거대 인력체의 질량 추정치는 걷잡을 수 없이 비현실적으로 무거워진다.

지구의 주소

한편 이 수수께끼 같은 현상 못지않게, 우리 은하의 위치도 상당히 흥미롭다. 우리 은하 주변에 이웃한 은하들의 분포를 지도로 그려보면 우리 은하는 상대적으로 은하의 밀도가 작은 텅 빈 영역 가장자리에 있다. 우주에 은하들은 얼기설기 얽혀 그물과 같은 거대 구조를 이룬다. 우주거대구조에서 은하들이 길게 이어지는 흐름을 필라멘트라고 하는데, 필라멘트 여러 개가 만나는 매듭 중심에는 거대한 은하가 빚어진다. 그리고 필라멘트와 필라멘트 사이 유독 은하가 거의 없는 텅 빈 공간이 나타나는데 이것을 보이드void라고 한다.

우리 은하는 이 텅 빈 보이드의 가장자리에 놓여있다. 천문학자들은 우리 은하가 걸쳐 있는 영역을 '국부 보이드Local Void'라고 한다. 1억 5,000만에서 2억 광년 너비의 영역에 은하가 거의 없는 곳이다. 상대적으로 질량이 텅 빈 영역이기 때문에, 주변의 은하들을 강한 중력으로 붙잡아두지 못한다. 그리고 주변의 밀도가 높은 영역의 중력에 은하들을 빼앗긴다. 보이드 경계의 은하들은 보이드를 벗어나 보이드 바깥 쪽으로 서서히 퍼져나간다.

텅 빈 보이드는 점점 부푸는 것처럼 보인다. 실제로 현재 우리 은하가 걸쳐 있는 국부 보이드도 그 영역이 넓어지는 추세다. 빈 영역 한가운데서, 중력을 거슬러 모든 것을 사방으로 뿔뿔이 흩어지게 하는 반중력이 뿜어져 나오는 것 같다. 현재 국부 보이드의 가장자리 경계는 대략 초속 260킬로미터의 빠른 속도로 부풀고 있다. 천문학자들은 빠르게 넓어지고 있는 국부 보이드의 중심을 '쌍극 후퇴군dipole repeller'이라고 부른다. 거대 인력체의 영향을 받는 영역이라고 볼 수 있다. 우리 은하를 비롯한 일대의 모든 은하들은 쌍극 후퇴군으로부터 벗어나 거대 인력체를 향해 가는 흐름 속에 있다. 이 일련의 우주적인 흐름을 코스믹 플로우cosmic flow라고 부른다.

우주공간을 부유하는 은하들의 움직임에는 서로 상반되는 두 가지의 효과가 영향을 미친다. 하나는 우주 시공간 자체가 빠르게 팽창하면서 모든 은하들 사이 거리를 멀어지게 하는 효과다. 138억 년 전 빅뱅으로 우주가 탄생한 이래로 지금까지 우주의 팽창 효과는 꾸준히 이어지고 있다. 다른 하나는 주변의 인접한 은하들이 중력으로 인해 서로 가까워지는 효과다. 우주 팽창은 모든 존재를 멀리 떨어뜨려 놓으려 하지만, 중력은 가까운 존재가 계속 서로의 곁을 지키고 버티게 한다. 그래서 우주를 관측할 때는 이 두 가지의 상반된 움직임을 잘 구분해야 한다. 우주 팽창은 우주 전체 시공간에 고르게 작용하는 효과다. 그래서 가까운 우주부터 먼 우주까지 한꺼번에 비교하면, 우주 전체의 평균적인 팽창값이 나온다. 그리고 그 팽창 효과값을 빼면 인접한 은하들이 중력을 주고받으면서 서로를 향해 돌진하는 고유한 움직임을 파악할 수 있다.

천문학자들은 그동안 관측했던 은하의 움직임에서 우주 팽창 효과를 뺀 뒤 놀라운 사실을 발견했다. 우리 은하를 비롯한 주변의 5억 광년 이내에 들어오는 약 10만 개의 은하들이 모두 일제히 한 거대 인력체를 향해 끌려가는 중이라는 것이다. 이 현상은 10만 개의 은하들이 중력을 공유하며 하나로 엮여 있는 어떤 시스템의 존재를 드러낸다. 우리는 우주의 가장 거대한 구조물 중 하나를 알게 되었다. 우리 은하와 안드로메다 은하를 포함한 수많은 은하들이 거대한 초은하단의 구성원이었던 것이다.

천문학자들은 이 새로운 세계에 아름다운 이름을 지어주었다. 하와이 말로 헤아릴 수 없는 천국이라는 뜻을 가진 라니아케아Laniakea 초은하단이다. 그동안 천문학자들이 보여준 네이밍 센스 중 단연 최고라고 생각한다. 만약 인류가 먼 훗날 초은하단을 넘나들며 로켓배송을 주고받는 우주 문명이 된다면, 지구의 주소를 이렇게 써야 할지 모른다. "라니아케아 초은하단, 처녀자리 초은하단, 국부 은하군, 우리 은하, 오리온자리 나선팔, 태양계, 지구." 우리는 지금 여기에 살고 있다.

하늘은 아직도 많은 비밀을 품고 있다. 대체 무엇이 우리 은하를 비롯한 은하들의 항해를 이끌고 있을까? 그 끝에 정말 거대한 인력체가 있기는 할까? 그 정체는 거대한 블랙홀일까, 아직 발견하지 못한 또 다른 초거대 초은하단일까? 나는 언젠가는 우주의 모든 은하들, 별들의 움직임과 위치를 파악해 우주의 과거와 미래를 전부 내다보는 라플라스의 악마가 되고 말겠다는 꿈을 꾼다. 물론 그 꿈은 이룰 수 없는 꿈일 것이다. 하지만 우리는 영원히 이룰 수 없는 꿈을 좇으며, 끊임없이 업데이트되어야 할 부정확한 지도를 손에 쥔 채 항해를 이어가고 있다. 그러고 보면 '우주에 대한 호기'야말로, 알 수 없는 불안한 항해 속에서도 용기를 잃지 않고 계속 나아갈 수 있게 하는 인류의 '거대 인력체'라 할 수 있겠다.

사랑의 이유, 사랑의 쓸모

우리는 한 번쯤 연인을 어떻게 만났는지, 연인의 어떤 매력에 반하게 되었는지 질문받곤 한다. 아름다운 외모, 매력적인 목소리, 비슷한 취미, 잘 어울리는 성격 등의 이유를 댈 수 있다. 실용적인 이유도 생각해볼 수 있다. 이를테면 연인의 뛰어난 요리 실력 덕분에 혼자 살 때는 상상도 할 수 없었던 진수성찬을 매일 먹게 되었다거나, 연인이 집에 튀어나오는 불청객, 바퀴벌레를 대신 잡아준다거나 하는 것들 말이다. 하지만 그것이 정말 누군가를 사랑하는 이유라고 할 수 있을까? 어쩌면 이런 것들은 내가 그를 사랑하고 그와 함께하다 보니 자연스레 누리게 된 부수적 결과일 수 있다.

나는 이런 질문을 받으면 말 그대로 약간 고장 난다. 무슨 이유를 대야 할지 잘 모르겠다. 연인의 얼굴이 이뻐서? 착해서? 그런 단순하고 표면적인 이유로 연인을 사랑한다고 말하면 내 사랑이 앙상해지는 것 같다. 그래서 한마디도 하지 못한 채, 어버버하다가 미완의 답변을 마치게 된다. 하지만 내가 진짜 하고 싶은 말은 이것이다.

"한두 마디의 명확한 답변만으로 이 사랑이 설명돼서는 안 된다."

종종 우리는 '이유'와 '쓸모'를 혼동한다. 이유 없는 선택과 행동은 쓸모없는 선택과 행동으로 폄하되기도 한다.

나는 천문학을 어떤 이유가 있어서, 어떤 목적을 위해서 좋아하기로 마음먹지 않았다. 단지 어린 시절 내 마음속에 찾아온 우주와 밤하늘이라는 낯선 세계에 어느 순간 홀렸을 뿐이다. 그래서 내게 천문학의 어디가 그렇게 좋은지, 무엇을 위해 천문학을 공부해야 하는지 물어본다면 당황해서 삐걱거리는 모습을 볼 수 있을 것이다. 무슨 특별한 이유가 있겠는가? 당신들이 무언가를 사랑하듯, 나도 우주와 천문학을 아무 이유 없이 사랑한다. 우리가 70억 명이라는 쉽게 가늠되지 않는 선택지 중 한 사람을 우연히 만나 연인이 되었듯, 나도 나를 매료할 가능성이 있는 수많은 선택지 중 우연히 우주를 좋아하게 되었다.

극단적인 실용주의자들은 예술조차 쓸모없는 짓이라 폄하한다. 문화 복지에 공적 자산이 투입되는 일에 불만을 표하기도 한다. 돈 낭비라면서 말이다. 하지만 그들도 막상 사석에서 예술의 예술성을 논할 때는 실용적 가치만 기준 삼지 않는다. 관객들에게 감동을 주는 작품인지, 생각할 거리는 있는지, 음악과 미술이 우리에게 슬픔과 기쁨을 유발하는지 등이 중요한 평가 기준이 된다.

그런데 슬프게도 천문학을 비롯한 자연과학 분야는 여전히 그런 기본적인 대우조차 받지 못하는 듯하다. 왜 과학은 경이로움만으로 그 가치를 인정받을 수 없을까? 미지의 대상을 이해할 수 있게 해주고, 세상에 대한 궁금증을 해소하는 그 시원함이야말로 어떤 분야도 제공할 수 없는 과학의 독보적인 매력이자 역할이라고 볼 수 있지 않을까? 과학도 언젠가는 경이와 해갈의 매력만으로 예술의 한 장르로 인정받을 수 있을까?

아직은 요원해 보이지만 이 책에 담고자 한 천문학과 우주에 대한 나의 사랑이 더 많은 이에게 닿을 수만 있다면, 언젠가 그런 날이 오리라 낙관해본다. 어둡고 흐릿한 우주 너머의 별빛도 결국 시간이 지나면 누군가의 눈동자에 닿게 되듯, 이 책에 담긴 희미하고 미약한 나의 외침이 함께 지구에 살아가는 이웃들에게 하나둘 닿길 바라본다.

마지막으로 항상 내 글의 첫 번째 독자로서 솔직하게 나의 이야기를 들어주고, 가감 없이 피드백해준 나의 아내 진아, 그리고 내가 이렇게 용기 내어 지면에 자신을 고백할 수 있도록 게으른 나를 채근하고, 용기를 북돋우고, 원고를 기다려준 강동욱 편집자에게 감사함을 전한다.

천문학자의 쓸모없음에 관하여

2026년 2월 11일 초판 1쇄 발행

지은이 지웅배
펴낸이 이원주

책임편집 강동욱　**디자인** 정은예
기획개발실 강소라, 김유경, 박인애, 류지혜, 고정용, 최연서, 이채은
마케팅실 정주호, 신하은, 현나래, 최혜빈, 이홍균, 양봉호, 박미진, 권금숙, 양근모
디자인실 진미나, 윤민지　**디지털콘텐츠팀** 최은정　**해외기획팀** 우정민, 배혜림, 정혜인
경영지원실 강신우, 김현우, 이윤재　**제작실** 이진영
펴낸곳 (주)쌤앤파커스　**출판신고** 2006년 9월 25일 제406-2006-000210호
주소 서울시 마포구 월드컵북로 396 누리꿈스퀘어 비즈니스타워 18층
전화 02-6712-9800　**팩스** 02-6712-9810　**이메일** info@smpk.kr

© 지웅배(저작권자와 맺은 특약에 따라 검인을 생략합니다)
ISBN 979-11-24070-35-2 (03440)

• 이 책은 저작권법에 따라 보호받는 저작물이므로 무단전재와 무단복제를 금지하며, 이 책 내용의 전부 또는 일부를 이용하려면 반드시 저작권자와 (주)쌤앤파커스의 서면동의를 받아야 합니다.
• 잘못된 책은 구입하신 서점에서 바꿔드립니다.
• 책값은 뒤표지에 있습니다.

쌤앤파커스(Sam&Parkers)는 독자 여러분의 책에 관한 아이디어와 원고 투고를 설레는 마음으로 기다리고 있습니다. 책으로 엮기를 원하는 아이디어가 있으신 분은 이메일 book@smpk.kr로 간단한 개요와 취지, 연락처 등을 보내주세요. 머뭇거리지 말고 문을 두드리세요. 길이 열립니다.